처음 만나는 양자의 세계

양자 역학부터 양자 컴퓨터까지

처음 만나는 양자의 세계

채은미 지음

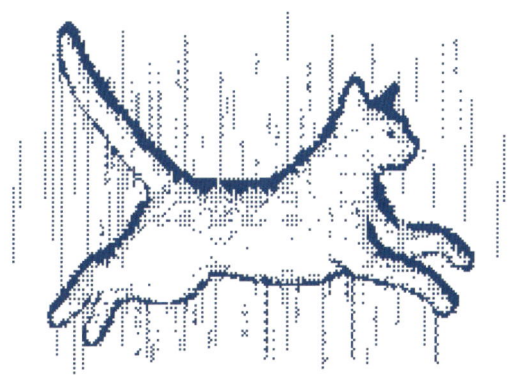

북플레저

프롤로그

과학이 교양이 되는 시대를 꿈꾸며

저는 이른바 교양이 부족합니다. 문학에는 익숙하지 않고, 세계사도 여기저기 기억이 희미하며, 현대 미술은 될 수 있으면 피하곤 하지요. 주변 사람들과 이야기를 나눌 때면 겸손한 척 "제가 아는 게 별로 없어요"라고 말하지만, 사실은 속으로 부끄러운 마음이 큽니다. 그러던 중 문득 이런 생각이 들었습니다.

'일반적으로 사람들이 말하는 '교양'에는 왜 과학이 빠져 있을까? 문학, 역사, 미술은 교양으로 여겨지면서, 과학은 왜 그렇지 않을까? 어쩌면 내 자신이 스스로 교양이 없다고 느끼는 이유에도, 과학은 교양이 아니라는 무의식적 인식이 자리하고 있었던 건 아닐까?'

사전을 찾아보면 '교양'이란 '학문, 지식, 사회생활을 바탕으로 이루어지는 품위 또는 문화에 대한 폭넓은 지식'이라고 정의되어 있습니다. 이런 의미라면, 과학이야말로 현대를 살아가는 데 꼭 필요한 교양이라

할 수 있습니다. 기술은 실시간으로 발전하고 있고, 그 기술은 우리의 생활 방식 자체를 빠르게 바꿔나가고 있습니다. 그런 시대에 과학이 교양이 아니라면, 과연 무엇이 교양일까요?

게다가 과학의 세계는 드라마보다 더 드라마 같은 이야기들로 가득합니다. 그래서 요즘 과학 전반에 관심을 갖는 분들이 많아진 것은 참 반가운 일입니다. 특히 양자 과학 기술에 대한 관심은 유례가 없을 정도입니다. 양자 역학이라는 이론이 가진 신비함과 그 신비함이 열어줄 미래에 대한 기대 때문일지도 모르겠습니다. 많은 분들이 양자 과학 기술의 근간인 양자 역학에서부터 그 기술의 특징, 현재 상황, 문제점 그리고 앞으로의 전망까지 모두 알고 싶어 합니다.

하지만 동시에, 많은 분들이 양자 역학을 어렵게 느끼기도 합니다. 특히 수식이 많이 나오는 책을 보면 시작부터 주저앉고 싶어지는 분들도 많으시지요. 물론, 세계적인 물리학자 리처드 파인만은 "양자 역학을 안다고 생각하는 사람은 양자 역학을 모르는 사람이다"라고 말하기도 했습니다. 그만큼 양자 역학은 직관에 반하는 내용도 많고, 심오한 학문입니다.

하지만 우리가 스마트폰의 작동 원리를 몰라도 익숙하게 사용하는 것처럼, 양자 역학도 복잡한 수식 대신 그 안에 담긴 '양자 현상'과 우리가 일상에서 활용하고 있는 '양자 기술'에 집중해 본다면, 이 낯설기만 했던 과학도 조금은 가까워질 수 있습니다. 그리고 그렇게 익히게 된 지식은, 빠르게 변화하는 시대에 우리의 삶을 더욱 풍요롭게 만들어 줄 진정한 '교양'이 될 수 있을 것입니다.

이런 바람으로 이 책에서는 수식은 최소한으로 줄이고, 양자 역학이 어떻게 시작되었고, 우리 삶에 어떻게 스며들어 있는지 그리고 앞으로 어떤 기술로 발전해 갈 수 있을지 이야기해 보려 합니다. 이 책을 통해 양자 역학이 조금 더 친근해지고, 나아가 과학이 여러분 곁에 한 발짝 더 가까이 다가갈 수 있었으면 합니다. 그리고 언젠가 우리 모두가 자연스럽게 양자 역학을 이야기하고, 과학을 교양으로 삼아 일상 속에서 함께 나눌 수 있는 날이 오기를 기대해 봅니다.

어쩌면 우리가 느끼는 '교양의 결핍'은 지식의 부족이 아니라, 낯선 것 앞에서 용기 내어 한 걸음 다가서지 못했던 마음의 거리에서 비롯된 건지도 모릅니다. 이 책이 그 첫걸음을 함께하는 친구가 되길 바랍니다.

끝으로, 이 책이 세상에 나오기까지 많은 도움과 응원을 보내주신 모든 분들께 감사의 마음을 전합니다. 처음 집필에 도전하면서, 특히 초반에는 많은 시간을 허비하기도 했습니다. 그럼에도 불구하고 묵묵히 기다려 주시며 끝까지 신뢰와 격려를 보내주신 출판사 본부장님께 깊이 감사드립니다.

더불어 부모님의 한결같은 헌신과 사랑 그리고 아이들이 안겨준 기쁨과 영감은 이 긴 여정을 끝까지 걸어갈 수 있는 원천이 되었습니다. 무엇보다도 제 삶의 동반자이자 같은 물리학자로서, 늦은 밤까지 기꺼이 토론에 응해 주고 늘 든든히 곁을 지켜준 남편에게 특별한 고마움을 전합니다.

프롤로그 ·· 005

1부
아름답고 신비한 양자의 세계

세상은 아주 작은 것들로 이루어져 있다 ································ 012
거인들의 질문이 모여 양자의 길을 열다 ································ 019
파동과 입자의 경계에서 ·· 030
익숙한 세계와는 다른 법칙 ·· 037
이도 저도 아니지만, 이도 저도 될 수 있는 ···························· 042
너는 나고 나는 너다 ·· 048
20세기 물리학계를 달군 양자 역학 논쟁 ································ 054
상상에서 현실로, 양자 텔레포테이션 ······································ 059
우리가 매일 만나는 양자, 빛 ·· 066
양자가 만든 일상의 혁명, LED ·· 073
과학이 쏘아 올린 직진의 광선, 레이저 ··································· 079
광통신 없는 구글도 답이 없다 ·· 086
300억 년에 1초 오차, 원자시계 ·· 094
양자가 안내하는 길, GPS의 비밀 ·· 100

2부
양자 컴퓨터가 이끄는 미래

양자 컴퓨터에서 미래를 보는 이유 ·········· 110

어떤 문제든 풀 수 있는 범용 양자 컴퓨터 ·········· 121

한 분야의 전문가, 특수 목적 양자 컴퓨터 ·········· 136

큐비트는 어떻게 만들 수 있을까? ·········· 148

양자 컴퓨터 상용화의 열쇠, 양자 오류 정정 ·········· 160

초전도 큐비트 양자 컴퓨터 ·········· 173

자연이 준 큐비트 1, 중성 원자 ·········· 182

자연이 준 큐비트 2, 이온 트랩 ·········· 189

빛으로 만드는 광자 양자 컴퓨터 ·········· 196

양자 컴퓨팅, 다음 세대의 도전자들 ·········· 204

깨지지 않을 암호는 없다? 암호 해독 ·········· 215

창이 있으면 방패도 있다 ·········· 222

최적의 해답을 찾아가는 양자의 힘 ·········· 232

신소재와 신약을 설계하는 양자 컴퓨터 ·········· 242

양자 컴퓨터와 인공지능의 만남 ·········· 254

에필로그 ·········· 262

주 ·········· 267

사진 및 그림 출처 링크 ·········· 270

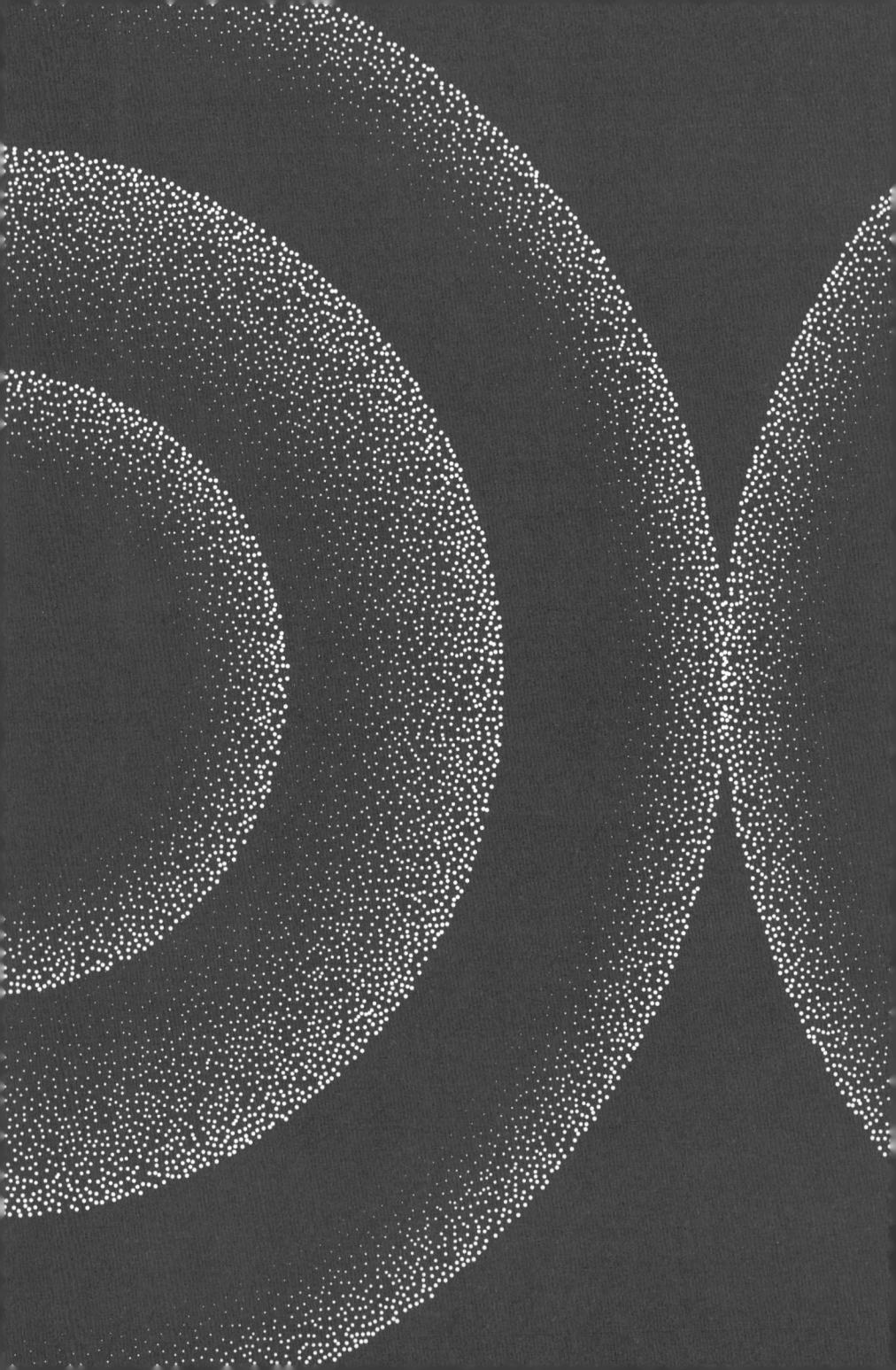

1부

아름답고 신비한 양자의 세계

세상은
아주 작은 것들로
이루어져 있다

가장 먼저 우리가 살고 있는 세계의 근본을 이해하는 데 중요한 학문인 '양자 역학'에 대해 이야기해 보겠습니다. 2025년이 양자 역학 100세를 기념하여 UN에서 지정한 '국제 양자 과학 기술의 해'라는 거 아시나요? 이처럼 양자 역학은 학문의 세계에서는 이제 막 청소년기에 들어선 신생 학문이라고도 할 수 있습니다.

양자 역학에 대해 본격적으로 이야기하기 전에, 우선 '양자'라는 단어의 의미부터 알아볼까요? 한자로 '量(양 양)'과 '子(아들 자)'로 이루어진 이 단어는 양과 단위를 표현하는 개념입니다. 영어로는 'Quantum'이라고 하는데, 이는 셀 수 있는 양을 의미하는 'Quantity'에서 유래되었습니다. 이는 양자 역학이 기존의 고전 역학과는 전혀 다른 방식으로 양을 세고 이해하는 학문이라는 것을 암시합니다.

간단한 예를 들어볼까요? 과거에는 물통에 물이 연속적으로 늘어나거나 줄어든다고 생각했습니다. 하지만 양자 역학은 물통 안에 들어갈 수 있는 물이 일정한 크기의 작은 컵들로 나누어져 있다고 보는 것입니다. 물이 컵 단위로만 늘어나거나 줄어들 수 있다고 상상해 보세요. 이때 컵에 물은 반만 담거나 조금만 담는 것은 안 됩니다. 언제나 꽉 채워야 해요. 이게 바로 양자의 기본적인 개념입니다.

조금 더 비유를 들어 볼게요. 여러분이 극장에서 영화를 본다고 상상해 보세요. 밝기 조절 장치가 천천히 무대를 밝히거나 어둡게 만들 수 있지요. 고전 역학에서는 이 변화가 매끄럽게 연속적으로 이루어진다고 봅니다. 하지만 양자 역학에서는 빛이 아주 작은 빛알갱이, 즉 광자들로 이루어져 있다고 보지요. 빛의 밝기를 광자 하나, 광자 둘 이렇게 광자들의 개수로 표현할 수 있습니다. 마치 방의 조명이 LED 등처럼 아주 작은 조명들이 많이 모여 있는 형태로 만들어져 있어서 각각의 작은 조명의 버튼을 조정해서 방의 밝기를 조정하는 것처럼요.

고전 역학과 양자 역학의 차이

고전 역학은 아이작 뉴턴의 역학, 제임스 맥스웰의 전자기학 등 양자 역학이 등장하기 이전부터 존재하던 물리학으로, 우리가 눈으로 보고 느끼며 살아가는 거시 세계를 잘 설명해 줍니다. 하지만 전자나 원자처럼 아주 작은 물질의 행동과 성질은 설명하지 못하는데요, 이를 설명하기 위해 발전한 학문이 바로 양자 역학입니다. 그렇다면 고전 역학과 양자 역학은 어떻게 다를까요?

첫 번째 차이: 연속성과 양자화

고전 역학에서는 몇몇 물리량이 연속적으로 변화한다고 생각합니다. 예를 들어, 물체의 에너지는 얼마든지 연속적으로 변할 수 있다고 본 것이지요. 하지만 양자 역학에서는 이와 다르게, 특정 물리량이 계단식으로 변합니다. 예를 들어, 빛은 파동이면서도 그 기본 단위인 '광자'로 구성되며, 이는 빛 에너지의 양자화를 보여줍니다. 이처럼 양자 역학에서 말하는 '양자'는 물리적 실체라기보다 추상적인 개념에 가깝습니다.

원자 안의 전자를 예로 들어 보겠습니다. 전자는 원자핵과의 인력으로 인해 원자핵 주변에 머무르게 되는데요, 전자기학에 따르면 이 전자가 가지는 에너지는 원자핵과의 거리에 반비례합니다. 따라서 전자가 아무 위치에나 존재할 수 있다면 에너지도 아무 값이나 가질 수 있겠지요. 하지만 양자 역학에 따르면, 전자가 가질 수 있는 에너지는 연속적이지 않고 특정한 값으로 제한됩니다. 이를 '에너지 상태의 양자화'라고 부릅니다. 다시 말해, 전자의 에너지는 불연속적이고 계단식으로 주어집니다. 전자가 원자핵 주위를 돌고 있다고 상상해 보세요. 마치 계단을 오르내리듯, 전자는 특정한 에너지값 사이만 이동합니다.

두 번째 차이: 입자와 파동의 이중성

고전 역학에서는 물질을 입자 또는 파동 중 하나로 구분했습니다. 전자나 원자는 입자, 전자기파의 일종인 빛은 파동으로 간주되었지요. 그런데 약 100여 년 전, 빛이 파동이면서도 입자처럼 행동할 수 있다는 사실이 발견되면서 큰 충격을 주었습니다. 양자 역학에서는 이를 '파동-입자 이중성'이라고 합니다. 예를 들어, 빛이 단순히 파도처럼 퍼져 나간다고 믿었던 사람들이 실험을 통해 광자가 실제로 특정 위치에 입자처럼 도달한다는 사실을 발견했을 때, 얼마나 놀랐을지 상상해 보세요. 또한, 입자인 줄 알았던 전자, 원자, 분자 같은 물질이 파동의 성질도 지닌다는 사실 역시 실험을 통해 입증되었습니다. 결국, 모든 물질은 입자이면서 동시에 파동인 것이지요.

세 번째 차이: 결정론과 확률론

고전 역학에서는 물체의 초기 상태(위치, 속도, 힘 등)를 알면 미래 상태를 정확히 예측할 수 있습니다. 예를 들어, 축구공의 현재 위치와 속도, 내가 공을 차는 방향과 힘의 크기를 알면, 공이 어디로 날아갈지 정확히 알 수 있지요. 이는 아이작 뉴턴의 운동 방정식이 특정한 초기 조건에서 유일한 해를 제공하기 때문입니다. 이러한 성질을 결정론적deterministic이라고 합니다.

반면, 양자 역학에서는 물질의 상태를 확률적으로 기술합니다. 입자의 위치와 운동량을 동시에 정확히 알 수 없다는 베르너 하이젠베르크의 불확정성 원리에 따라, 우리는 어떤 입자의 정확한 위치와 속도를 동시에 알아낼 수 없습니다. 대신, 나중에 배워볼 에르빈 슈뢰딩거의 방정식을 통해 입자의 상태를 기술하게 되며, 이는 결과가 나올 확률만을 제시해 줍니다.

네 번째 차이: 측정과 상태의 붕괴

고전 역학에서 측정은 단순한 관찰 행위에 불과하며, 측정이 물체의 상태를 변화시키지 않습니다. 예를 들어, 날아가는 축구공의 사진을 찍는다고 해서 축구공의 상태가 바뀌지는 않지요. 하지만 양자 역학에서는 측정 행위가 입자의 상태 자체에 직접적인 영향을 미칩니다. 어떤 입자는 여러 상태가 중첩superposition된 상태로 존재하다가도, 우리가 그 입자를 측정하는 순간, 중첩된 여러 상태 중 하나로 확정되는 현상이 나타납니다. 이를 '파동 함수의 붕괴'라고 합니다.

양자 역학은 전자, 원자, 분자 등 아주 작은 입자들의 세계를 설명하는 학문입니다. 하지만 이것은 단지 시작에 불과합니다. 사실, 우주의 모든 물질은 작은 입자들의 집합으로 이루어져 있기 때문에 양자 역학은 이 세계를 지배하는 기본 법칙이라고 할 수 있습니다. 우리가 일상에서 양자 역학을 체감하지 못하는 이유는 그 현상이 너무 작게 나타나기 때문입니다. 예를 들어, 섭씨 약 25도인 방에 놓인 쌀 한 톨의 파동적 성질을 결정하는 드 브로이 파장은 약 10^{-21}미터, 즉 10^{-12}나노미터로, 약 0.1나노미터 크기를 가진 수소 원자보다도 훨씬 작습니다. 이처럼 아주 작은 세계에서만 드러날 것 같은 양자 역학의 현상이지만, 기술의 발전으로 우리는 그 성질을 적극적으로 이용하고 있습니다. 예를 들어, 반도체와 레이저는 양자 역학의 원리를 기반으로 작동합니다. 스마트폰 카메라에 들어가는 이미지 센서도 양자 역학의 응용 기술이라고 할 수 있지요.

여러분이 매일 사용하는 인터넷과 GPS 역시, 양자 물리학 없이는 불가능한 기술입니다. 더 나아가, 현재 활발히 연구되고 있는 양자 컴퓨터는 기존 컴퓨터로는 해결하기 어려운 문제들을 처리할 수 있는 가능성을 열어 주고 있습니다. 예를 들어, 쇼어 알고리즘은 현재의 암호 체계가 기반하고 있는 소인수분해 문제를 짧은 시간 안에 풀어내, 향후 보안 기술의 패러다임 자체를 바꿀 수 있습니다. 또한, 물류 최적화 문제를 해결하는 데 양자 컴퓨터는 방대한 데이터를 초고속으로 계산할 수 있는 잠재력을 지니고 있으며, 이는 금융, 의료, 인공지능 등 다양한 분야로 확장될 수 있습니다.

양자 통신 기술도 주목할 만합니다. 오늘날처럼 보안이 중요한 사회에서, 양자 키 분배 Quantum Key Distribution, QKD 기술은 이론적으로 해킹이 불가능한 통신을 가능하게 합니다. 마치 디지털 금고를 열쇠 없이는 절대 열 수 없도록 만드는 철통 보안 시스템이라고 상상하면 이해가 쉬울 거예요.

양자 센싱 기술도 빠질 수 없지요. 이 기술은 지진의 진동을 더욱 정밀하게 감지하거나 의료 분야에서 초정밀 이미징 기술을 통해 암을 조기에 발견하는 데 큰 도움이 됩니다. 결국 우리는 이미 양자로 이루어진 세계에 살고 있습니다. 양자 역학은 복잡하고 어렵게 느껴질 수 있지만, 이 세계를 더 깊이 이해하기 위한 열쇠가 되어 줍니다. 양자 역학의 법칙은 우리가 살아가는 모든 영역에서 중요한 역할을 하며, 앞으로 더욱 많은 변화를 이끌어 낼 것입니다.

이 책에서는 그런 양자 역학의 신비로운 현상들과 그로부터 탄생한 첨단 기술들을 쉽고 재미있게 소개합니다. 복잡한 수식보다는 직관적인 설명과 생생한 예시를 통해, 누구나 양자 세계의 문을 열 수 있도록 돕고자 합니다.

양자 역학은 단지 과학의 영역을 넘어, 우리가 세상을 바라보는 방식에도 깊은 질문을 던집니다. 세상은 생각보다 덜 확정적이고, 더 많은 가능성 위에 존재한다는 사실, 그 자체가 놀랍고도 아름답지 않을까요?

거인들의 질문이 모여 양자의 길을 열다

100여 년 전, 양자 역학은 어떻게 시작되었을까요?

양자 역학은 어느 날 갑자기 한 천재 과학자의 머릿속에서 탄생한 학문이 아닙니다. 수십 년에 걸쳐 수많은 과학자들이 증거를 하나씩 모으고, 가설을 세우고, 이를 증명하는 과정을 통해 점진적으로 발전해 온 결과물입니다. 그 모든 과정을 상세히 다루려면 또 한 권의 책이 필요할 정도로 방대하지만, 여기서는 특히 원자를 통한 발전과 광자의 발견에 초점을 맞춰 이야기해 보겠습니다.

원자와 양자 역학의 발전

양자 역학의 첫걸음은 원자 구조에 대한 이해에서 시작되었습니다. 1803년, 영국의 과학자 존 돌턴 John

Dalton은 화학 반응의 규칙들을 면밀히 살핀 끝에, 세상의 모든 물질이 '원자'라는 기본 입자로 이루어져 있다는 개념을 제안했습니다. 그는 이 원자를 더 이상 나눌 수 없는 작고 단단한 입자로 보았으며, 동일한 원소의 원자는 같은 질량과 화학적 성질을, 서로 다른 원소의 원자는 각기 다른 질량과 성질을 가진다고 생각했습니다. 이러한 존 돌턴의 이론은 그동안 연금술적 사고에서 벗어나 화학을 과학적으로 정립하는 데 큰 전환점을 마련했고, 당시에 알려졌던 다양한 화학 반응을 체계적으로 설명할 수 있게 해 주었습니다.

이후, 원자를 당구공처럼 쪼갤 수 없는 입자로 보는 이론이 널리 받아들여진 가운데, 1800년대 전반에 걸쳐 원자가 빛을 흡수하거나 방출하는 현상이 관찰되면서 과학자들의 궁금증은 더욱 깊어졌습니다. 1814년, 요제프 폰 프라운호퍼 Joseph Ritter von Fraunhofer는 나트륨 원자가 특정한 노란색 빛을 흡수하고 방출한다는 사실을 발견했고, 그 이후 과학자들은 원자마다 고유한 색깔의 빛을 흡수하고 방출한다는 사실을 확인하게 됩니다. 1885년, 요한 야코프 발머 Johann Balmer는 수소 원자가 내는 특정한 색의 빛을 분석하면서, 이 빛의 파장들이 일정한 수학적 규칙을 따른다는 사실을 밝혀냅니다. 이로써, 원자가 방출하거나 흡수하는 빛의 파장을 수식으로 표현할 수 있게 되었지만, 왜 그런 현상이 나타나는지는 여전히 설명할 수 없었습니다.

그 와중에 1897년, 물리학자 조지프 존 톰슨 Joseph John Thomson이 전자를 발견하면서, 원자에 대한 모델은 커다란 변화를 맞이하게 됩니다. 조지프 존 톰슨은 유리관에 높은 전압을 가한 실험에서, 음극(-)에서 양극(+) 방향으로 입자들이 방출되는 현상을 관찰했습니다. 이를 음극선이라 부르는데요, 이 입자들이 자기장과 전기장에 의해 경로가 휘어지는 방향을 분석한 결과, 이들이 음전하를 띤 입자라는 사실을 확인할 수 있었습니다. 그런데 이 입자의 질량 대비 전하 비율 e/m을 실험적으로 측정해 본 결과, 놀랍게도 기존에 알려졌던 어떤 원자보다도 훨씬 작은 입자라는 것이 밝혀졌습니다.

이렇게 해서, 원자보다도 작은 기본 입자인 '전자 electron'가 처음으로 세상에 모습을 드러낸 것입니다. 전자의 발견은 "원자는 더 이상 쪼갤 수 없다"라는 존 돌턴의 원자 이론과 정면으로 충돌하는 발견이었습니다.

조지프 존 톰슨은 이 발견을 바탕으로, 원자가 내부적으로 더 작은 입자들로 이루어져 있다는 새로운 가설을 세우게 됩니다. 원자는 전기적으로 중성이므로, 음전하를 가진 전자 외에 양전하를 띤 다른 무엇인가도 있어야 한다고 본 것이지요. 그는 구체적으로, 양전하를 띤 덩어리 안에 전자들이 박혀 있는 구조, 즉 '푸딩 속 건포도'처럼 생긴 구조를 상상했습니다. 이를 '푸딩 모델 Plum Pudding Model'이라 부르며, 당시 알려진 원자의 성질과 새롭게 발견된 전자를 동시에 설명하려 했습니다.

하지만 이 모델은 원자가 어떻게 특정한 파장의 빛을 흡수하고 방출하는지에 대해서는 여전히 설명하지 못했습니다. 그런데 이 푸딩 모델은 1911년, 어니스트 러더퍼드 Ernest Rutherford의 실험에 의해 결정적으로 반박됩니다.

어니스트 러더퍼드는 조지프 존 톰슨의 모델을 검증하기 위해 얇

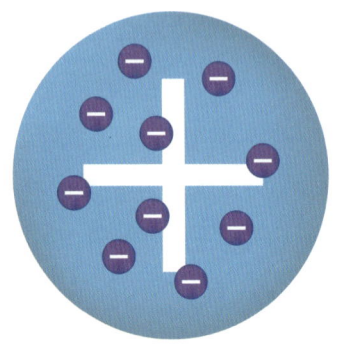

조지프 존 톰슨의 푸딩 모델.
원자 내부에 양전하가 푸딩처럼 고르게 퍼져 있고,
군데군데 전자가 콕콕 박혀 있다.

은 금박에 양전하를 띤 헬륨 원자(헬륨 이온, He^{2+})를 쏘는 실험을 진행했습니다. 푸딩 모델의 예측에 따르면, 원자 내부의 양전하가 고르게 퍼져 있기 때문에, 헬륨 이온은 금박을 통과할 때 경로가 조금만 휘고 대부분 그대로 지나갈 것으로 예상했지요. 하지만 실제 실험 결과는 놀라웠습니다.

전체 입자의 약 99%는 아무런 방해 없이 금박을 그대로 통과했지만, 약 0.1%는 큰 각도로 휘어졌고, 심지어 1만 개 중 1개 정도는 거의 정면으로 튕겨 나왔던 것입니다. 이 결과는, 원자가 균일한 양전하 덩어리(푸딩 모델)가 아니라는 결정적인 증거였습니다. 입자들이 대부분 그대로 통과했다는 것은, 원자의 대부분이 빈 공간이라는 뜻이었고, 일부 입자가 강하게 튕겨 나갔다는 것은 양전하가 작고 밀집된 공간에 집중되어 있다는 의미였지요. 이 실험을 바탕으로, 어니스트 러더퍼

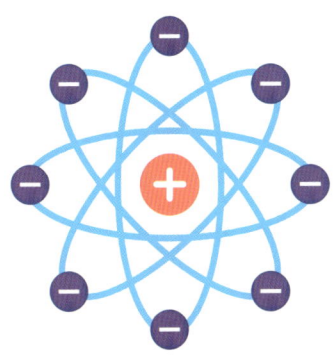

어니스트 러더퍼드의 원자 모델.
원자의 중심에 양전하가 모여 있는 원자핵이 존재하고,
그 주변을 전자가 돌고 있다.

드는 양전하가 모여 있는 '원자핵'이 원자의 가운데에 있고, 전자가 원자핵과의 전기력에 의해 그 주변을 돌고 있다는 새로운 원자 구조를 제시합니다.

원자의 중심에 있는 작고 무거운 원자핵nucleus에 원자의 질량 대부분이 집중되어 있고, 헬륨 이온이 튕겨 나간 것은 바로 이 원자핵과의 강한 전기적 반발 때문이었던 것이지요.

하지만 어니스트 러더퍼드의 원자 모델에는 치명적인 문제가 하나 있었습니다. 고전 전자기학에 따르면, 전자가 원자핵 주위를 빙글빙글 돌 때, 이는 가속 운동을 하고 있는 상태이므로 반드시 에너지를 방출해야 합니다. 에너지를 방출한다는 것은 곧, 전자가 점점 에너지를 잃으며 나선형 궤도로 떨어져 원자핵에 충돌하고, 결국 원자가 붕괴되어야 한다는 뜻이지요.

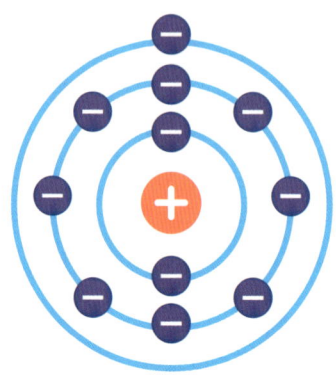

닐스 보어의 행성 모델.
마치 태양을 도는 행성들처럼, 전자가 원자핵 주위를
일정한 궤도를 따라 안정적으로 돌고 있다.

하지만 실제로는 그런 일이 일어나지 않습니다. 자연에 존재하는 원자는 안정적으로 존재하고 있고, 전자가 원자핵으로 떨어지는 일도 일어나지 않지요. 이 문제를 해결하기 위해, 1913년 닐스 보어Niels Bohr는 '행성 모델Planetary Model'이라는 새로운 방식의 원자 모형을 제안합니다. 닐스 보어는 전자가 마치 행성이 태양을 도는 것처럼 돌고 있다고 가정했습니다. 전자가 원자핵 주위를 아무렇게나 도는 것이 아니라, 행성이 정해진 궤도를 따라 돌 듯, 전자도 정해진 궤도에서만 움직일 수 있다고 가정한 것이지요. 그리고 이 특정 궤도에서는 왜인지는 모르겠으나 에너지를 잃지 않고 안정적으로 회전할 수 있다고 생각했습니다.

이 모델에 따르면, 전자는 연속적인 에너지를 가질 수 없고, 각 궤도에 따라 정해진 특정 에너지만을 가질 수 있게 됩니다. 그리고 만약 전자가 한 궤도에서 다른 궤도로 이동하려면, 그 궤도 간 에너지 차이에 해당하는 파장을 가진 빛을 흡수하거나 방출해야 합니다. 이렇게 하면 에너지 보존 법칙도 어기지 않게 되지요. 즉, 닐스 보어의 모델은 그동안 설명하지 못했던 원자가 흡수하거나 방출하는 빛의 파장을 매우 잘 설명할 수 있게 해 주었습니다.

물론, 닐스 보어의 모델에도 한계는 존재했습니다. 가장 큰 의문은 '왜 전자는 특정한 궤도에서만 존재할 수 있는가?'에 대한 설명이 없었다는 점입니다. 이 문제를 풀 실마리는 1924년 프랑스의 물리학자 루이 드 브로이 Louis de Broglie 가 제시했습니다. 그는 전자가 단순한 입자가 아니라 파동의 성질도 함께 가지고 있다는 '파동-입자 이중성' 개념을 제안한 것이지요. 루이 드 브로이에 따르면, 전자의 파동이 궤도를 한 바퀴 돌고 나서 다시 원래의 파동 모양으로 정확히 겹치는 경우에만 전자가 그 궤도에 존재할 수 있습니다. 이렇게 되면 전자가 존재할 수 있는 궤도는 제한된 개수의 파동 조건을 만족하는 경우로만 정해지게 되지요.

이러한 파동적인 설명은 나중에 전자의 위치를 확률적으로 표현하는 '파동 함수' 모델로 발전하게 되고, 현재 우리가 알고 있는 현대 원자 모형의 기초가 됩니다. 이로써, 양자 역학의 시대가 본격적으로 열리게 되었습니다.

빛의 양자화 = 광자!

양자 역학의 또 다른 중요한 발전은 빛, 즉 전자기파의 본질에 대한 연구에서 이루어졌습니다. 19세기 후반, 제임스 클러크 맥스웰James Clerk Maxwell은 그 유명한 맥스웰 방정식을 통해 빛이 전자기파이며 파동이라는 사실을 밝혔고, 토머스 영Thomas Young의 이중 슬릿 실험은 빛의 파동성을 더욱 확고히 뒷받침했습니다.

파동이란, 물결처럼 주기적인 변화를 보이는 현상이며, 파동의 진폭(높이)은 그 에너지를 나타냅니다. 진폭은 연속적으로 변화하는 양이기 때문에 고전 물리학에서는 빛의 에너지도 연속적으로 변화할 것이라고 생각해 왔지요.

하지만 1880년대 후반, 광전 효과Photoelectric Effect의 발견은 이러한 믿음에 금이 가는 계기가 되었습니다. 광전 효과란, 빛이 금속에 닿을 때 그 빛의 에너지가 전자에 전달되어 전자가 금속 밖으로 튀어나오는 현상을 말합니다. 고전적으로는 빛의 강도가 충분히 세기만 하면 어떤 색깔의 빛이든 전자에게 충분한 에너지를 줄 수 있을 것으로 생각했습니다. 그러므로 이론상으로는 강한 빨간색 빛도 전자를 방출시킬 수 있어야 하지요. 하지만 실험 결과는 달랐습니다. 빨간색 빛은 아무리 강해도 전자가 방출되지 않았고, 파란색 빛은 약한 강도에서도 전자가 방출되었던 것입니다.

이 수수께끼는 1905년, 알베르트 아인슈타인Albert Einstein이 빛이 입자(광자, photon)의 집합으로 이루어져 있다고 가정하면서 풀리게 됩니다. 그는 광자 하나의 에너지가 그 광자의 파장에 반비례한다고 보았고, 따라서 파란색 광자 하나가 빨간색 광자 하나보다 더 큰 에너지를 가진다고 주장했습니다. 이렇게 빛을 입자로 생각하면, 광전 효과는 광자 하나가 금속 안의 전자 하나와 1:1로 충돌하는 현상으로 이해할 수 있습니다.

전자 하나가 파란색 광자 하나를 흡수하면 충분한 에너지를 얻게 되어 금속에서 튀어나올 수 있지만, 빨간색 광자는 에너지가 부족해 전자를 방출시키지 못하는 것이지요. 즉, 빛이 입자라는 가정은 광전 효과를 매우 잘 설명해 주었습니다.

빛이 파동이라는 확고한 믿음이 흔들리게 되는 또 다른 계기는 바로 흑체 복사 Blackbody Radiation 입니다. 흑체란, 모든 파장의 외부 전자기파를 완전히 흡수하는 이상적인 물체를 말합니다. 예를 들어, 금속을 가열하면 붉게 빛나는 것이 바로 흑체 복사의 한 예입니다. 흑체는 온도에 따라서 방출하는 빛의 양과 파장이 변화하는데요, 코로나 시절을 거치면서 우리에게 친숙해진 적외선 카메라도 온도에 따라 변하는 흑체 복사의 양을 이용해서 물체의 온도를 측정합니다.

19세기 후반, 과학자들은 흑체에서 방출되는 빛의 세기를 실험적으로 측정하고 이를 이론적으로 설명하려 했습니다. 존 윌리엄 스트럿 레일리 John William S. Rayleigh 와 제임스 진스 James H. Jeans 는 고전 전자기학과 열역학을 이용해 흑체 복사를 계산했지만, 그 결과에는 심각한 문제가 있었습니다. 그들은 짧은 파장의 빛, 즉 자외선이나 X선 등에서 방출되는 에너지가 무한히 커진다는 예측을 내놓았고, 이는 실제 실험 결과와 정면으로 충돌했습니다. 이 현상은 '자외선 파탄 ultraviolet catastrophe'이라고 불립니다.

이 문제를 해결하기 위해, 1900년 막스 플랑크 Max Planck 는 전혀 새로운 개념을 제안합니다. 그는 빛의 에너지가 연속적인 값이 아니라 불연속적인(양자화된) 값만을 가질 수 있다고 가정했습니다. 즉, 빛의 에너지는 작은 단위(양자)로 나뉘어 있으며, 이 단위는 파장에 반비례한다는 것이지요. 이 가정을 바탕으로 흑체 복사를 계산해 보았더니, 실험 결과와 정확히 일치하는 곡선이 도출되었습니다!

막스 플랑크가 제시한 이 개념은 훗날 알베르트 아인슈타인이 '광자'라는 개념을 제시할 수 있는 바탕이 되었습니다. 이처럼 광전 효과와 흑체 복사를 통해 입증된 빛의 입자성은 빛의 에너지가 연속적이지 않고, 광자 하나, 둘처럼 불연속적인 최소 단위로 나뉘어 있다는 것을 보여주었습니다. 이 현상을 '빛의 양자화'라고 부르며, 빛의 입자성과 파동성을 모두 이해할 수 있게 된 결정적인 계기가 되었지요.

인간의 위대한 지적 여정

지금까지 살펴본 것처럼, 닐스 보어의 원자 모형은 양자 역학의 기초를 세우는 데 큰 역할을 했고, 알베르트 아인슈타인의 광전 효과 설명은 빛의 본질에 대한 이해를 완전히 바꾸어 놓았습니다. 이후 에르빈 슈뢰딩거의 파동 방정식과 루이 드브로이의 파동-입자 이중성 개념은 양자 역학을 완전한 이론으로 완성시켰습니다. 이 시기의 발견들은 하나같이 물리학에 혁명적인 영향을 끼쳤고, 이는 노벨 물리학상 수상 내역에서도 확인할 수 있습니다.

닐스 보어는 원자 구조의 이해와 양자 역학 정립에 기여한 공로로

1922년 노벨상을, 알베르트 아인슈타인은 광전 효과 연구로 1921년 노벨상을 받았습니다. 막스 플랑크는 흑체 복사에 대한 연구로, 루이 드 브로이는 입자의 파동성을 발견한 공로로 각각 노벨 물리학상을 수상했지요.

양자 역학은 이처럼 수많은 과학자들의 통찰과 도전이 쌓여 완성된 학문입니다. 그리고 오늘날 우리가 사용하는 반도체, 레이저, 양자 컴퓨터 등 첨단 기술의 토대가 되었지요. 우리가 사용하는 많은 기술이 이 작은 양자의 세계에 기반을 두고 있다는 사실은 과학의 경이로움을 다시 한번 깨닫게 합니다.

보이지 않는 아주 작은 세계를 이해하려는 인간의 노력은, 결국 우리가 사는 거대한 세상의 원리를 밝혀내는 열쇠가 되었습니다. 이처럼 양자 역학은 단지 물리학의 한 분야를 넘어, 우리가 세상을 이해하고 미래를 상상하는 방식 자체를 바꿔 놓았습니다. 그리고 이 위대한 지적 여정은 앞으로도 계속 이어지겠지요.

파동과 입자의 경계에서

1905년, 알베르트 아인슈타인은 빛이 단순한 파동으로만 여겨지던 시대에, 빛이 입자의 성질을 가진다는 혁명적인 주장을 내놓았습니다. 빛의 에너지가 연속적으로 흐르는 것이 아니라 '광자'라는 작은 에너지 단위로 나뉘어 있으며, 빛이 파동처럼 퍼지기도 하지만, 또 동시에 입자처럼 툭툭 에너지를 던지듯 전달한다는 개념이었지요. 이 생각은 양자 역학의 핵심 개념 중 하나인 파동-입자 이중성과 직접 연결됩니다. 파동-입자 이중성이란, 미시 세계에서는 모든 물질이 동시에 파동과 입자의 성질을 지닌다는 뜻입니다.

　우리가 직관적으로 이해하던 세계와는 전혀 다른 이 개념은 그만큼 신비롭고도 도전적인 물리학의 주제가 되었습니다. 이 파동-입자 이중성이 어떻게 발견되고 입증되었는지 역사적 배경, 실험적 증거 그리고 양자 역학적 해석을 함께 살펴볼까요?

빛의 입자성을 입증한 콤프턴 효과

알베르트 아인슈타인이 제안한 광자 개념은 당대 과학계에 큰 파장을 일으켰습니다. 과학자들은 이 주장을 실험적으로 증명하기 위해 수많은 노력을 기울였고, 그 결정적인 실험으로 콤프턴 효과가 등장합니다. 콤프턴 효과는 X선 빛을 원자에 쬐었을 때 나타나는 산란 현상을 관찰한 실험에서 발견되었습니다.

빛이 진짜 파동이라면, 산란된 빛의 파장은 입사한 빛과 같아야 합니다. 예를 들어, 소리 파동이 벽에 반사되어도 파장은 변하지 않듯이 말이지요. 하지만 실험 결과는 달랐습니다. 산란된 X선의 파장은 입사한 빛보다 더 길어졌던 것입니다. 이는 빛의 에너지가 산란 후 줄어들었다는 뜻인데, 빛이 파동이라면 결코 설명할 수 없는 현상이었지요. 아서 콤프턴Arthur Compton은 이 현상을 빛을 입자처럼 다루는 방식으로 설명했습니다.

빛의 입자인 광자가 전자와 충돌했을 때, 마치 당구공 2개가 충돌하듯 에너지와 운동량이 보존되는 과정으로 해석한 것입니다. 충돌하면서 광자가 전자에게 얼마간의 에너지를 전달하고, 그만큼 광자가 가진 에너지가 줄어들어서 광자의 파장이 길어진 것이지요. 이 이론은 실험 결과와도 완벽하게 들어맞았고, 빛이 입자성을 갖는다는 사실을 강력히 뒷받침했습니다. 아서 콤프턴은 이 공로로 1927년 노벨 물리학상을 수상했으며, 이 실험은 빛이 파동이면서도 입자의 성질을 지닌다는 사실을 명확히 보여준 계기가 되었습니다.

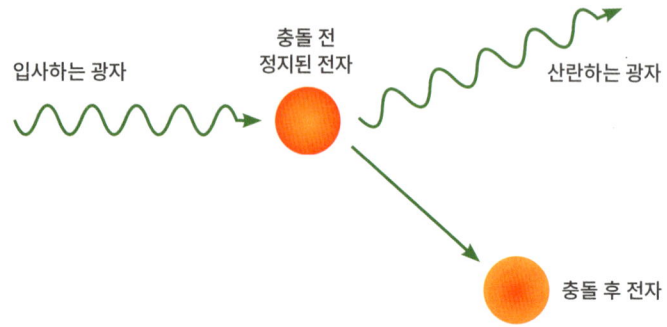

콤프턴 효과. 입사하는 광자보다
산란하는 광자의 파장이 길고 따라서 운동량이 작다.

드 브로이의 물질파: 입자도 파동일까?

그렇다면 입자는 어떨까요?

'빛이 입자성과 파동성을 모두 지닌다면, 전자나 원자처럼 우리가 입자라고 믿어온 물질들도 파동성을 가질 수 있지 않을까?' 이런 질문에서 시작해 1924년, 프랑스의 물리학자 루이 드 브로이는 모든 물질이 파동적 성질을 가진다는 놀라운 주장을 내놓았습니다. 그는 이를 '물질파 Matter Wave'라고 부르고, 물질의 파장을 계산할 수 있는 공식까지 제시했습니다. 과학자들은 드 브로이의 이론을 실험으로 검증하고자 나섰고, 그 결과 등장한 것이 바로 전자 회절 실험과 이중 슬릿 실험입니다.

전자 회절 실험: 입자의 파동성을 증명하다

1927년, 클린턴 데이비슨과 레스터 거머 Clinton Davisson & Lester Germer 그리

고 조지 페짓 톰슨 George Paget Thomson 은 서로 독립적으로 전자의 회절 현상을 실험으로 관측했습니다. 이 실험은 전자를 원자가 규칙적으로 배열된 금속 결정이나 얇은 막에 쏘고, 반사되거나 투과된 전자들이 어떤 무늬를 형성하는지를 관찰하는 방식이었습니다.

만약 전자가 입자라면 대부분은 직진하면서 통과하고, 특정한 무늬를 형성하지 않아야 합니다. 하지만 전자가 파동이라면 금속 결정에 의해 간섭 현상이 일어나고, 그 결과 회절 무늬가 형성되어야 하지요. 실험 결과는 놀라웠습니다. 전자들은 금속을 통과한 뒤, 스크린에 규칙적인 패턴을 만들었고, 그 패턴은 루이 드 브로이의 공식으로 계산한 물질파의 파장과 정확히 일치했습니다. 이로써 입자인 전자가 파동의 성질을 가진다는 사실이 강력하게 입증된 것입니다.

이중 슬릿 실험: 파동과 입자의 정면충돌

1800년대 초부터 빛을 대상으로 진행된 이중 슬릿 실험은, 2개의 좁은 틈(슬릿)을 통과한 빛이 스크린에 도달하면서 간섭무늬를 형성하는 현상을 보여주는 실험입니다. 마치 파도가 2개의 틈을 지나며 서로 간섭해 무늬를 만들어 내는 것처럼, 빛도 파동처럼 움직이며 특정한 간섭무늬를 만들어 낸 것이지요.

이 간섭무늬는 파동에서만 나타나는 패턴이기 때문에 이중 슬릿 실험은 빛이 파동이라는 사실을 입증하는 대표적인 실험으로 자리 잡게 되었습니다. 그런데 입자의 파동성이 제시된 이후, 1960~1970년대 과학자들은 이 실험을 빛이 아닌 전자로도 수행해 보기로 했습니다. 결과

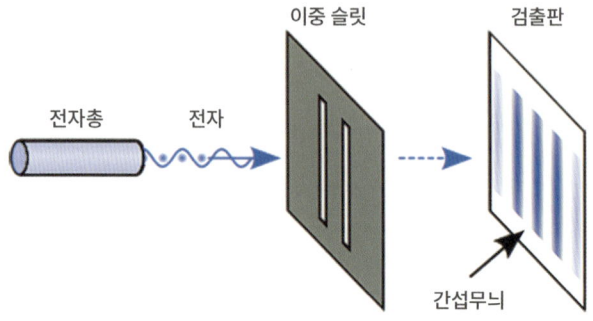

이중 슬릿 실험 모형. (출처: NekoJaNekoJa, 2017)

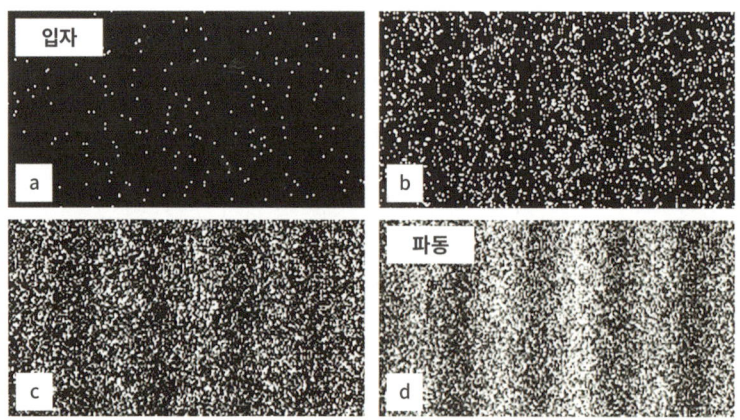

빛이 이중의 좁은 틈을 지나 스크린에 찍힌 모습. 입자와 같은 모양과 파동의 간섭무늬가 동시에 나타난다. (출처: Dr. Tonomura and Belsazar, 2012)

는 매우 놀라웠습니다.

전자가 스크린에 도달할 때 하나하나 점으로 찍히는 모습은 분명 입자처럼 보였습니다. 하지만 수많은 전자를 쏜 뒤, 스크린에 찍힌 점들을 살펴보면, 그 분포 패턴은 파동의 간섭무늬와 정확히 같았던 것입니다. 이는 전자가 단순히 입자일 뿐만 아니라 파동의 성질도 함께 지닌다는 사실을 보여주는 결정적인 증거였습니다.

그렇다면 왜 빛으로는 1800년대부터 성공했던 이 실험이, 전자를 이용해 재현되는 데에는 1960년대까지 시간이 걸렸을까요? 그 이유는 바로 기술력의 발전과 관련이 있습니다.

전자의 파동적 성질을 결정하는 드 브로이 파장은 약 1나노미터 정도입니다. 이는 평균 50~100마이크로미터 굵기인 사람 머리카락의 5만 분의 1에서 10만 분의 1에 해당하는 아주 작은 길이이지요. 이렇게 작은 스케일의 파동을 실험적으로 관측하기 위해서는, 이중 슬릿 실험에 사용되는 슬릿의 간격과 크기 역시 수십 나노미터 수준으로 작아야만 했습니다. 그러한 정밀한 슬릿을 제작할 수 있는 기술은 1960년대에 이르러서야 비로소 가능해졌던 것이지요. 과학의 발전이 기술의 발전을 이끌고, 또 그 기술이 다시 과학의 진보를 가능하게 하는 선순환의 예라 할 수 있습니다.

또한, 물질의 질량이 무거워질수록 드 브로이 파장이 더 짧아지기 때문에, 물질이 클수록 파동적 성질을 관측하기가 점점 더 어려워집니다. 그럼에도 불구하고 2019년, 과학자들은 이중 슬릿 실험과는 다른 형태의 실험을 통해 무려 2,000개의 원자로 이루어진 거대한 분자에서도 파동 간섭 현상을 관측하는 데 성공했습니다![1]

보통 양자 역학은 아주 작은 세계, 즉 미시 세계를 설명하는 학문으로 알려져 있습니다. 하지만 사실은 우리가 직접 관측하기 어려울 뿐,

양자 역학은 미시 세계에서 거시 세계까지 모두 영향을 미치는 보편적인 법칙입니다. 지금 이 순간에도 세계 곳곳의 실험실에서는 '과연 어디까지 큰 물체에서 양자 역학의 성질을 관측할 수 있을까?'라는 질문을 두고 연구가 계속되고 있습니다. 인류와 양자 역학과의 '도전과 응전'은 아직도 진행 중인 이야기인 셈입니다.

익숙한 세계와는 다른 법칙

우리는 일상생활에서 물체의 위치와 속도를 정확하게 측정할 수 있다고 믿습니다. 예를 들어, 경찰의 속도 측정기 혹은 암세포의 위치를 측정하는 X-ray 모두 뉴턴 역학의 틀 안에서 가능한 일입니다. 하지만 이 같은 직관은 원자나 전자 수준의 미시 세계에서는 더 이상 통하지 않습니다. 1927년, 독일의 물리학자 베르너 하이젠베르크 Werner Heisenberg 는 입자의 위치와 운동량을 동시에 정확히 측정하는 것이 원리적으로 불가능하다는 사실을 밝혔습니다.

이것이 바로 유명한 불확정성 원리 uncertainty principle 입니다. 이 불확정성 원리는 앞에서 살펴본 파동-입자 이중성과도 깊은 관련이 있습니다. 그중에서도 특히 물질이 가진 파동적 성질을 설명하는 '파동 함수' 개념을 먼저 이해하면, 이 원리를 좀 더 쉽게 받아들일 수 있습니다.

파동 함수란 무엇일까?

불확정성 원리는 앞서 살펴본 파동-입자 이중성과 밀접하게 연결되어 있으며, 그중에서도 파동 함수라는 개념을 이해하는 것이 핵심입니다. 파동 함수 wave function 는 양자 역학에서 물질의 상태, 특히 그 파동적인 성질을 완전히 기술하는 수학적 함수를 말합니다.

예를 들어, 우리가 그동안 입자라고 생각해 왔던 원자의 파동 함수는 어떤 의미를 가지고 있을까요? 파동 함수의 절댓값의 제곱은, 물질이 특정한 상태(위치, 운동량, 에너지 등)에 있을 확률을 의미합니다. 즉, 물질의 위치나 속도는 특정한 값으로 정확하게 결정되어 있는 것이 아니라, 어떤 상태에 있을 가능성이 높은지만 정해져 있는 것이지요. 하지만 안타깝게도 우리는 이 함수 자체를 직접 볼 수는 없습니다. 언제나 물질 상태의 확률 분포를 보고 파동 함수를 거꾸로 추측하는 것이지요.

이런 해석을 보른 해석 Born interpretation 이라고 부릅니다. 앞서 설명했던 전자의 이중 슬릿 실험을 다시 떠올려 볼까요? 전자는 단순한 점 형태의 입자가 아니라, 파동적인 성질을 함께 가집니다. 하나의 전자만 보면 특정한 위치에 존재하는 것처럼 보이지만, 수많은 전자의 위치를 합쳐 보면 간섭무늬가 나타납니다. 간섭무늬가 진하게 나타난 곳에는 많은 전자가 존재하고, 거의 없는 곳에는 전자가 거의 존재하지 않습니다. 이 간섭무늬를 수학적으로 표현한 것이 바로 파동 함수입니다. 같은 실험을 여러 번 반복하면, 파동 함수의 값(정확하게는 파동 함수의 절댓값)이 큰 곳에는 전자가 많이 도달하고, 작은 곳에는 거의 도달하지 않게 됩니다. 즉, 파동 함수는 물질이 존재할 확률을 결정해 주는 함수입니다. 그리고 이 파동 함수의 파장(공간적 주기)은 물질의 운동량, 즉 속도와 밀접한 관계가 있습니다.

파동 함수로 본 불확정성 원리

이제 파동 함수 개념을 바탕으로 불확정성 원리를 다시 생각해 볼까요? 전자의 이중 슬릿 실험에서 위치를 정확히 측정한다는 것은, 사실상 입자의 파동을 특정한 지점에 국소화하는 것과 같습니다. 그런데 파동이 특정한 위치에 모이면 파동이 한 곳에 집중되므로 파장이 명확하지 않게 되어 운동량 정보를 측정하지 못합니다. 반대로, 파동이 넓게 퍼져 있으면 운동량(파장)은 잘 알 수 있지만, 넓게 퍼지기 때문에 정확한 위치는 불확실해지지요. 즉, 위치를 정확히 알수록 운동량은 모호해지고, 운동량을 정확히 알수록 위치는 흐릿해지는, 이것이 바로 불확정성 원리입니다. 이 원리는 다음과 같은 수식으로 표현됩니다.

$$\Delta x \cdot \Delta p \geq \hbar/2$$

이렇게 보면 어렵지요? 수식의 의미를 하나씩 살펴보면 다음과 같습니다.

Δp = 입자의 운동량(질량×속도)에 대한 불확실성

ℏ = 플랑크 상수 h(양자 역학에서 에너지의 양자화를 나타내는)를 2π로 나눈 값, 즉(ℏ=h/2π)

어려워 보이지만 이 수식이 의미하는 바는 간단합니다. 입자의 위치를 매우 정확히 측정하려고 할수록(Δx ↓), 운동량에 대한 불확실성(Δp ↑)은 커지게 되고, 반대로 운동량을 정확히 측정하면 위치에 대한 불확실성이 커진다는 뜻입니다.

무엇보다 중요한 점은, 이 불확정성이 측정 기기의 한계나 실험의 정밀도 때문이 아니라, 물리적 세계가 본질적으로 그렇게 이루어져 있기 때문에 나타난다는 것입니다. 불확정성 원리는 입자와 파동의 이중적 성질에서 비롯된, 세계의 본모습인 셈인 것이지요.

고전 역학과 양자 역학의 결정적인 차이

아이작 뉴턴이 창시한 고전 역학에서는 물체의 위치와 속도를 동시에 정확하게 측정하는 것이 가능합니다. 즉, 어떤 물체의 현재 상태(위치, 속도, 가속도 등)를 알면, 그 물체가 앞으로 어떻게 움직일지 완벽히 예측할 수 있는 결정론적 세계이지요.

그러나 양자 역학에서는, 물체의 상태를 결정짓는 것은 확률적인 파동 함수입니다. 입자가 어디에 있을지, 어떻게 움직일지를 정확하게 예측하는 것이 아니라, 어디에 있을 가능성이 높은지를 확률적으로 기술하는 것이지요.

이것이 고전 물리학과 양자 역학의 가장 근본적인 차이점이며, 한동안 수많은 물리학자들 사이에서 뜨거운 논쟁의 주제가 되었습니다. 이 재밌는 논쟁에 대해서는 뒤에 더 자세히 설명하겠습니다.

또 하나의 중요한 차이는 '측정'이라는 행위의 역할입니다. 고전 역학에서는 측정이 물체의 상태에 영향을 주지 않지만, 양자 역학에서는 측정 자체가 물질의 상태를 결정하는 작용을 하게 됩니다. 즉, 우리가 관찰하기 전까지 물질은 여러 위치, 상태가 혼재하는 파동이지만, 측정(관측)을 통해 비로소 하나의 확정된 상태로 나타나는 것이지요. 이는 우리가 전통적으로 생각해 온 측정에 대한 개념을 완전히 뒤바꾸어 놓았습니다. 다른 차원의 사고가 가능하게 된 것이지요.

이처럼 양자 역학은 자연이 필연적으로 불확실성을 포함하고 있다는 것을 말해 주고 있으며, 동시에 그러한 불확실성 속에서도 일정한 질서를 발견하는 것이 과학의 역할임을 깨닫게 해 주는 학문이라고 생각합니다. 그래서 양자 역학을 이해한다는 것은 단지 공식을 아는 것이 아니라, 세상을 바라보는 방식 자체를 넓히는 경험이 되기도 합니다.

이도 저도 아니지만, 이도 저도 될 수 있는

양자 역학에서 가장 신비롭고 흥미로운 현상 중 하나는 바로 양자 중첩 Quantum Superposition 입니다. 말 그대로 여러 상태가 동시에 겹쳐 있는 상태를 뜻하지요. 예를 들어, '0'이라는 상태와 '1'이라는 상태를 가질 수 있는 어떤 시스템을 떠올려 보세요. 마치 컴퓨터의 비트처럼요. 고전 역학에서는 이 시스템이 한순간에 가질 수 있는 값은 오직 하나, 즉 '0'이거나 '1'뿐입니다. 마치 공이 A라는 상자에 있다면, 동시에 B라는 상자에 있을 수 없는 것처럼요.

하지만 양자 역학에서는 이야기가 다릅니다. 이 시스템이 '0'이면서 동시에 '1'일 수도 있습니다! 이것이 바로 양자 중첩 상태입니다. 이때 중첩 상태가 '0.5' 같은 중간값이라는 뜻은 아닙니다. 측정을 하면 반드시 '0'이거나 '1' 중 하나로 결과가 나올 뿐, 그 사이 어딘가는 나오지 않거든요.

또한 양자 중첩은 단순히 '0'과 '1'이 반반 섞인 혼합 상태와도 다릅니다. 말 그대로 하나의 시스템이 '0'이면서도 동시에 '1'인 상태이지요. 이 개념을 더 쉽게 이해하기 위해 동전에 비유해 볼 수 있습니다. '0'은 동전의 앞면, '1'은 뒷면이라고 생각해 보세요.

양자 중첩 상태는 마치 동전이 빙글빙글 돌고 있는 상황과 비슷합니다. 회전 중일 때는 앞면인지 뒷면인지 명확히 구분할 수 없고, 앞면이면서 동시에 뒷면이라고도 할 수 있는 상태이지요. 양자 역학에서는 이러한 중첩 상태를 표현하기 위해 수학적으로 파동 함수라는 개념을 사용합니다. 예를 들어, '0'과 '1'이 중첩된 상태는 다음과 같이 씁니다.

$$a|0> + b|1>$$

그렇다면 이때 a와 b는 무엇을 의미할까요?

양자 중첩과 확률

양자 중첩에서 계수 a와 b는 복소수(실수와 허수의 합으로 이루어진 수)이며, 각각 상태 '0'과 '1'이 나타날 확률의 크기를 결정합니다. 이해를 돕기 위해 다시 측정이라는 개념을 떠올려 볼게요. 앞서 말했듯이, 양자 상태를 측정하면 항상 '0' 또는 '1' 중 하나가 결과로 나옵니다. '0.5'처럼 애매한 값은 나오지 않습니다.

하지만 어떤 결과가 나올지는 매번 확률적으로, 즉 랜덤하게 결정

됩니다. 다시 동전을 떠올려 볼까요? 이때, 빙글빙글 돌고 있는 동전을 손바닥으로 탁 멈추는 행위가 측정에 해당합니다. 멈추면 앞면 또는 뒷면이 나오지만, 어떤 면이 나올지는 알 수 없지요. 여러 번 반복하면 앞면과 뒷면이 대체로 반반 확률로 나올 거예요. 마찬가지로, 양자 상태 $a|0\rangle + b|1\rangle$를 여러 번 측정하면 이렇게 정해집니다.

'0'이 나올 확률은 $|a|^2$

'1'이 나올 확률은 $|b|^2$

즉, 파동 함수의 계수 a와 b는 각각의 상태가 나타날 확률의 크기를 결정하는 역할을 합니다.

이 개념은 단지 이론적인 상상이 아니라, 실제 실험에서도 확인됩니다. 예를 들어, 앞서 설명한 전자의 이중 슬릿 실험에서도 전자는 파동으로서 양쪽 슬릿을 동시에 통과한 후 여러 위치에 중첩된 상태로 스크린에 도달합니다. 이 중첩 상태는 파동 함수로 기술할 수 있고, 우리가 전자를 어느 위치에서 발견할 확률은 그 위치의 파동 함수의 크기의 제곱으로 나타낼 수 있지요. 이처럼 양자 역학은 결과를 확률적으로 예측하는 과학이라는 사실을 보여줍니다.

확률과 무작위성에 대한 논쟁

양자 역학의 이러한 확률성과 무작위성은 초기에 많은 물리학자들에게 충격으로 다가왔습니다. 왜냐하면 고전 물리학은 현재 상태를 알면 미래 상태를 정확히 예측할 수 있다는 결정론적 세계관을 가지고 있었기 때문이지요. 하지만 양자 역학은 입자의 행동이 확률적으로 정해진다고 주장했기에 이를 받아들이기 어려운 물리학자들도 많았습니다.

대표적인 인물이 바로 알베르트 아인슈타인입니다. 그는 "신은 주사위를 던지지 않는다"는 유명한 말을 남기며, 자연이 무작위로 움직인다는 양자 역학의 주장을 받아들이지 않았지요. 이 이야기는 뒤에 조금 더 자세히 나눠보겠습니다.

불쌍한 슈뢰딩거의 고양이

양자 역학의 이런 확률적 성격을 비판한 또 다른 인물이 바로 에르빈 슈뢰딩거 Erwin Alexander Schrödinger 입니다. 그는 양자 역학의 불완전함을 강조하기 위해 '슈뢰딩거의 고양이'라는 유명한 사고 실험을 제안했습니다. 이 실험은 다음과 같은 상황을 가정합니다.

- **반감기가 1분인 방사성 원소** 1분 후 방사선을 방출할 확률이 50%인 원소
- **방사선 감지 장치** 방사선을 감지하면 독가스를 방출하는 장치
- **밀폐된 상자 속의 고양이** 독가스를 마시면 죽게 되는 고양이

이제 1분이 지났습니다. 방사성 원소는 방사선을 방출했을 수도,

슈뢰딩거의 고양이.
고양이는 죽은 걸까, 산 걸까?

안 했을 수도 있지요. 양자 역학적으로는 두 상태가 중첩된 상태입니다. 그렇다면 고양이 역시 살아 있는 상태와 죽은 상태가 중첩된 상태라는 결론이 됩니다. 즉, 고양이는 살아 있으면서도 죽어 있는, 직관적으로는 말도 안 되는 상태가 되는 것이지요. 에르빈 슈뢰딩거는 이 예시를 통해 양자 역학이 현실 세계를 설명하기에 불완전하다는 점을 강조하려 했습니다.

이론을 넘어 기술이 되다

하지만 물리학은 실험으로 진위를 따지는 학문입니다. 양자 중첩을 포함한 양자 역학은 오랜 시간 수많은 실험을 통해 검증되었고, 현재까지도 모든 실험 결과를 정확히 설명해 내고 있습니다. 결국 역설적으로, 슈뢰딩거의 고양이는 양자 역학을 비판하기 위한 도구였지만, 오늘날에는 양자 중첩을 설명하는 대표적인 사례가 되었지요. 오늘날 양자 중첩은 이론적 개념을 넘어 실제 기술로 응용되고 있습니다. 대표적인 예가 양자 컴퓨터입니다.

양자 컴퓨터는 정보의 단위로 큐비트Quantum bit를 사용합니다. 큐비트는 '0'이나 '1'뿐 아니라, 이 두 상태가 동시에 중첩된 상태로도 존재할 수 있습니다. 이 덕분에 고전 컴퓨터보다 훨씬 많은 정보를 동시에 처리할 수 있는 가능성이 열리게 되었지요. 특정 문제에서는 양자 컴퓨터가 기존 컴퓨터보다 훨씬 빠르게 계산할 수 있을 것으로 기대됩니다.

중첩, 양자 세계를 여는 열쇠

양자 중첩은 우리의 일상적 직관으로는 이해하기 어려운 개념입니다. 그래서 알베르트 아인슈타인이나 에르빈 슈뢰딩거 같은 천재들조차 이를 쉽게 받아들이지 못했지요. 그럼에도 불구하고 양자 중첩은 우리가 자연을 이해하는 데 있어 가장 근본적인 원리 중 하나가 되었고, 현대 물리학의 중요한 기둥으로 자리 잡았습니다.

너는 나고 나는 너다

양자 역학에서 양자 중첩과 함께 많은 논란이 되었던 개념 중 하나는 바로 '양자 얽힘 Quantum Entanglement'입니다. 양자 얽힘은 2개 이상의 시스템이 서로 밀접하게 연결되어, 각각의 상태를 따로따로 기술할 수 없는 상태를 의미합니다. 이는 마치 보이지 않는 실로 두 시스템이 강하게 묶여 있는 것처럼, 하나의 상태가 다른 하나의 상태에 직접적으로 영향을 미칩니다.

예를 들어, A와 B라는 두 시스템이 있다고 가정해 봅시다. 두 시스템은 각각 상태 '0'과 '1'을 가질 수 있습니다. 양자 얽힘 상태란, A가 '0'이면 B도 반드시 '0', A가 '1'이면 B도 반드시 '1'인 상태와 같이 하나의 상태가 다른 하나의 상태를 결정하는 상태입니다. 이를 파동 함수로 표현하면 'A=0 & B=0' 혹은 'A=1 & B=1', 양자 역학에서 자주 쓰이는 표기법으로는 $a|00\rangle+b|11\rangle$로 나타낼 수 있습니다. 즉, 2개의 시스템이지

만 하나의 파동 함수로 기술되는 것입니다. 이를 동전으로 비유하자면, A와 B 두 동전이 동시에 빙글빙글 돌고 있으며, 두 동전이 도는 양상이 서로 밀접하게 연관되어 있는 상태라고 볼 수 있습니다.

A를 측정하면 B도 즉시 결정된다

이제 재미있는 실험을 상상해 봅시다. $a|00\rangle + b|11\rangle$ 상태에 있는 A와 B 두 동전이 빙글빙글 돌고 있을 때, A 동전만 측정한다고 가정해 보세요. 즉, 손바닥으로 A 동전을 탁! 치는 것입니다. 이때 A 동전은 앞면('0') 또는 뒷면('1') 중 하나로 결과가 나옵니다. 그런데 신기한 점은, 우리가 아무 행동도 하지 않은 B 동전도 A 동전이 측정된 순간, 즉시 같은 결과로 결정된다는 것입니다. 만약 A 동전이 앞면('0')으로 결정되면, B 동전도 스스로 넘어지며 앞면('0')으로 결정됩니다. 반대로, A 동전이 뒷면('1')으로 결정되면, B 동전도 즉시 뒷면('1')으로 넘어갑니다. 여기서 중요한 점은 다음과 같습니다.

- B 동전에는 아무런 행동을 하지 않았음에도 스스로 상태가 결정된다는 점
- A 동전의 상태가 측정되는 그 즉시 B 동전의 상태도 결정된다는 점
- B 동전의 결과는 언제나 A 동전의 결과와 같다는 점

어떤가요? 신기하지요?

더 멀리 떨어져도
이어지는 얽힘의 신비

양자 얽힘의 신비로움은 여기서 끝나지 않습니다. 얽힘 상태는 이론적으로 두 시스템이 공간적으로 멀리 떨어져 있어도 유지됩니다. 이를 극단적으로 상상해 보지요. A 동전은 지구에 두고, B 동전은 달로 보냈다고 가정합니다.

이제 지구에서 A 동전을 손바닥으로 탁! 쳐서 앞면이나 뒷면이 나오게 합니다. 놀랍게도, 양자 역학에 따르면 달에 있는 B 동전도 A 동전이 넘어지는 순간, 그 즉시 같은 면으로 결정됩니다. 즉, 우리가 지구에서 A 동전을 측정하면 달에 있는 B 동전의 상태를 동시에 알 수 있습니다. 이는 마치 공간과 시간을 초월한 연결처럼 보이기 때문에, 양자 얽힘은 물리학자들에게 큰 충격을 주었습니다.

양자 얽힘 현상은 당시 물리학계에 큰 논쟁을 불러일으켰습니다. 특히 알베르트 아인슈타인은 이 개념을 받아들이기 어려워했습니다. 그의 특수 상대성 이론에 따르면, 어떤 정보도 빛의 속도보다 빠르게 전달될 수 없습니다. 따라서 두 입자가 멀리 떨어져 있으면 빛의 속도보다 빠르게 서로 영향을 주고받을 수 없는 것이지요. 하지만 양자 얽힘 상태에서는 두 시스템이 아무리 멀리 떨어져 있어도, 하나의 상태가 측정되는 순간 그 즉시 다른 하나의 상태가 결정되기 때문에 마치 정보가 즉각적으로, 빛의 속도보다 빠르게 전달되는 것처럼 보였습니다.

이러한 이유로 알베르트 아인슈타인은 양자 얽힘을 '유령 같은 초자연적인 원격 작용 spooky action at a distance'이라 부르며, 이 현상이 실제로 존재할 수 없다고 주장했습니다. 그는 중첩과 얽힘을 설명하기 위해 숨겨진 변수가 있을 것이라고 믿었지만, 이후의 실험 결과는 그의 주장을 반박하는 방향으로 나타났습니다.

특수 상대성 이론과의 화해

양자 얽힘은 처음 이론적으로 제시되었을 때 많은 논쟁을 일으켰지만, 이후 수십 년간의 실험을 통해 검증되었습니다. 대표적인 실험 중 하나는 벨 실험 Bell's experiment 입니다. 벨 실험은 얽힘 상태에 있는 입자들의 상관관계가 고전 물리학으로는 설명할 수 없음을 보여주었습니다. 이에 대해서는 뒤에 이어서 자세하게 이야기하겠습니다. 벨 실험 결과는 양자 역학이 옳다는 것을 강력히 뒷받침하며, 양자 얽힘이 실제로 존재한다는 것을 입증했습니다.

그렇다면 알베르트 아인슈타인이 우려했던 것처럼, 양자 얽힘은 특수 상대성 이론에 위배되는 것일까요? 양자 얽힘 상태는 마치 입자들 간의 상호작용이 빛의 속도를 초월하는 것처럼 보이지만, 사실 여기서는 정보가 전달되지 않습니다. 앞서 이야기한 지구와 달에 있는 양자 얽힘 상태의 두 동전을 다시 생각해 보겠습니다. 지구에 있는 동전을 제가 넘어뜨리는 순간, 저는 달에 있는 동전의 상태를 알 수 있습니다. 하지만 그 순간에 아직 달에 있는 제 친구는 그 정보를 알지 못합니다. 제가 어떠한 통신 수단으로—그리고 이 통신 수단은 빛의 속도보다 빠를 수 없겠지요—그 사실을 이야기해야지만 달에 있는 친구가 동전들의 상태를 알게 되는 거지요. 달에 있는 친구가 달에 있는 동전을 보고 있으면 넘어지는 순간 알 수 있는 것이 아니냐고요? 이 실험에서 '본다'는 행위는 '동전을 손바닥으로 치는' 행위입니다. 즉, 친구는 달에 있는 동전을 보고 있을 수 없는 거지요. 관측하는 순간 달에 있는 동전의 상태가 바뀌니까요. 이처럼 양자 얽힘에서는 실제 먼 거리로 정보가 전달되고 있지 않습니다.

그럼, 정보가 전달되는 것도 아닌데 어떻게 이렇게 멀리 떨어져 있는 동전들의 상태가 연결될 수 있는 걸까요? 그것은 이 두 동전이 우리 눈에 2개의 동전으로 보이지만 실은 하나이기 때문입니다. 앞에서 이야기했듯이 양자 얽힘 상태에 있는 물질들은 그 수가 몇 개이건 하나의 파동 함수로 기술합니다. 두 동전이 한 몸이기 때문에 몸의 일부가 변하면 몸 전체가 변하는 것이지요. 따라서 양자 얽힘은 특수 상대성 이론을 위반하지 않습니다.

양자 얽힘의 응용

오늘날 양자 얽힘은 단순한 이론적 개념을 넘어 양자 기술로 응용되고 있습니다. 대표적인 사례는 '양자 통신'입니다. 양자 얽힘 상태를 이용하면, 두 사용자가 매우 안전한 방식으로 정보를 주고받을 수 있습니다. 만약 누군가가 얽힘 상태를 측정하려 한다면, 그 행위 자체가 얽힘을 깨뜨리기 때문에 즉시 감지됩니다. 또한, 양자 얽힘은 양자 인터넷과 양자 컴퓨터 개발에서도 핵심적인 역할을 하고 있습니다.

양자 얽힘은 자연의 신비로움과 양자 역학의 독특한 본질을 잘 보여주는 현상입니다. 초기에는 많은 논란과 회의적인 시각을 받았음에도, 실험으로써 스스로를 증명하며 현대 물리학의 핵심 개념으로 자리 잡았습니다. 다음 글에서는 양자 얽힘이 어떻게 실험적으로 증명되었고, 이러한 발견이 오늘날의 과학과 기술에 어떤 영향을 미쳤는지 더 깊이 알아보겠습니다.

20세기 물리학계를 달군 양자 역학 논쟁

양자 역학의 측정과 양자 얽힘은 20세기 물리학자들 사이에서 가장 뜨겁게 논의된 주제였습니다. 매번 열리는 학술회의에서는 물리학자들이 양자 역학을 둘러싸고 치열한 토론을 벌였고, 이는 과학 역사상 가장 유명한 논쟁 중 하나로 남아 있지요. 이러한 논쟁의 핵심은 양자 현상을 어떻게 해석할 것인가에 대한 근본적인 입장 차이였습니다.

코펜하겐 학파 vs. 숨은 변수 이론

양자 역학을 둘러싼 논쟁은 크게 두 그룹으로 나뉘어 진행되었습니다. 첫 번째 그룹은 닐스 보어와 베르너 하이젠베르크가 주축이 된 코펜하겐 학파입니다. 코펜하겐 학파는 양자 역학이 가진 확률적인 본성을 받아들였습니다. 이들은 양자 상태가 여러 가능성이 중첩된 상태로 존재하다가, 측정이라는 행위로 인해 파동 함수가 붕괴하고 하나의 결과로 수렴된다고 주장했습니다. 또한, 양자 얽힘과 같은 현상도 양자 역학이 예측하는 실제 현상이라고 보았습니다.

두 번째 그룹은 알베르트 아인슈타인, 보리스 포돌스키 Boris Yakovlevich Podolsky, 네이선 로젠 Nathan Rosen의 머리글자를 딴 EPR 그룹입니다. 이들은 양자 역학의 비결정론적 특성에 강하게 반대했습니다. 양자 역학이 완전하지 않으며, 우리가 아직 발견하지 못한 숨겨진 변수가 존재한다고 주장했습니다. 숨은 변수 이론에 따르면, 입자의 상태는 측정 전에 이미 정해져 있으며, 결과가 확률적으로 나타나는 것이 아니라 우리가 알지 못하는 숨겨진 원인에 의해 결정된다고 보았습니다.

또한, 알베르트 아인슈타인은 국소성 locality의 원리를 강조했습니다. 국소성이란, 공간적으로 떨어진 두 물체는 서로 독립적이며, 한쪽의 상태가 다른 쪽에 즉각적으로 영향을 미칠 수 없다는 원칙입니다. 즉, A가 B에 영향을 주기 위해서는 반드시 빛의 속도를 초과하지 않고 정보를 전달해야 한다는 것입니다. 이는 양자 얽힘이 예측하는 즉각적인 상호작용과 정면으로 충돌하는 개념이었습니다.

알베르트 아인슈타인 vs. 닐스 보어

1927년, 벨기에 브뤼셀에서 열린 5차 솔베이 회의는 양자 역학 논쟁의 절정을 보여준 자리였습니다.

1927년에 열린 5번째 솔베이 회의 단체 사진.
앞줄 중앙에 알베르트 아인슈타인이 보이고 가운뎃줄 제일 오른쪽이 닐스 보어다.
(출처: Benjamin Couprie, 1927)

이 회의에는 당시 가장 위대한 물리학자 29명이 참석했으며, 그중 17명이 노벨상을 수상한 인물들이었습니다. 이 자리에서 알베르트 아인슈타인과 닐스 보어는 치열한 토론을 벌였습니다. 알베르트 아인슈타인은 양자 역학의 비결정론적 특성을 비판하며 "신은 주사위를 던지지 않는다"라는 유명한 말을 남겼지요. 그런데 이 말에 대한 닐스 보어의 응수가 재미있습니다.

"아인슈타인, 신에게 명령하지 말게나."

이 논쟁은 당시 물리학계에서 끝나지 않은 철학적 질문으로 남았지만, 결론적으로는 실험에 의해 진실이 판가름 나게 되었습니다.

논쟁을 끝낸 3번의 실험

1964년, 아일랜드의 물리학자 존 스튜어트 벨 John Stewart Bell 은 이 논쟁을 실험적으로 해결할 수 있는 이론적 틀을 제시했습니다. 그는 벨 부등식이라는 수학적 조건을 만들었습니다. 벨 부등식은 양자 얽힘 상태에 있는 두 입자의 관측 결과 간의 상관관계를 비교하여, 숨은 변수 이론과 양자 역학 중 어느 쪽이 옳은지를 판단할 수 있는 방법을 제공했습니다. 그러니까 숨은 변수 이론이 옳다면, 벨 부등식은 항상 성립해야 하고 양자 역학이 옳다면, 양자 얽힘 상태에서 벨 부등식은 위배되어야 했습니다. 이제 논쟁의 종지부를 찍기 위한 실험이 필요한 시점이었지요.

벨 부등식을 실험으로 검증한 첫 번째는 1972년, 미국의 존 클라우저 John Francis Clauser 와 스튜어트 프리먼 Stuart Jay Freedman 에 의해 이루어졌습니다. 이들은 실험에서 벨 부등식이 성립하지 않음을 관찰했으며, 이는 양자 역학이 우리가 사는 세상을 정확하게 설명하는 이론임을 보여주는 결과였습니다. 하지만 초기 실험에는 몇 가지 기술적 한계와 허점이 있었습니다.

1982년, 프랑스의 물리학자 알랭 아스페 Alain Aspect 와 그의 동료들은 실험의 허점을 보완하고 더욱 정교한 방식으로 벨 부등식을 검증했습니다. 벨 부등식의 두 번째 실험적 검증이었지요. 결과는 벨 부등식의 위배를 다시 한번 확인하며 양자 얽힘 현상이 실제로 있다는 것을 강력히 뒷받침했습니다.

세 번째 검증은 오스트리아의 안톤 차일링거 Anton Zeilinger 가 진행했지요. 1990년대 후반, 오스트리아의 물리학자 안톤 차일링거는 양자 얽힘 상태에 있는 광자를 이용해 더욱 정밀한 실험을 수행했습니다. 그는 벨 부등식이 성립하지 않음을 거듭 증명하며, 양자 역학의 예측이 정확함을 증명했습니다.

양자 역학의 승리와
새로운 시대의 시작

벨 부등식을 통해 양자 역학은 알베르트 아인슈타인의 숨은 변수 이론을 실험적으로 완벽히 반박했습니다. 이 과정은 양자 역학이 과학적 논쟁에서 승리할 뿐만 아니라, 양자 정보 과학과 같은 새로운 분야의 탄생으로 이어졌습니다. 존 클라우저, 알랭 아스페, 안톤 차일링거는 양자 얽힘 현상과 벨 부등식의 위배를 입증하고, 이를 기반으로 양자 정보 과학을 개척한 공로를 인정받아 2022년 노벨 물리학상을 수상했습니다. 이로써 양자 역학은 실험적 증명과 기술적 응용에서 모두 성공하며 현대 물리학의 토대로 자리 잡았습니다. 이처럼 논쟁은 마침표가 아니라, 우리를 더 새롭고 낯선 세계로 이끄는 출발점입니다. 과학도, 우리의 세계도 이 과정을 통해 새로운 문을 열어왔지요. 과거에도 그랬고 아마 앞으로도 그럴 것입니다.

상상에서 현실로, 양자 텔레포테이션

"스팍, 당장 텔레포트 시켜!"

고전적인 SF 드라마에서 우주선을 타고 떠나는 인물들은 종종 '순간이동'을 합니다. 커다란 기계 위에 서서 반짝이는 불빛 사이로 사라지고, 수백 킬로미터 떨어진 행성 표면에 그대로 나타나지요. 과연 이런 일이 현실이 될 수 있을까요?

놀랍게도, 과학자들은 실제로 '양자 텔레포테이션Quantum Teleportation'이라는 기술을 실현해 내고 있습니다. 물론 사람이 사라졌다가 나타나는 장면과는 다르지만, '텔레포테이션'이라는 단어가 이제는 실험실 안에서 현실이 되고 있는 것이지요. 여기서는 양자 역학의 신비한 현상 중 하나인 양자 텔레포테이션이란 무엇인지, 우리가 알고 있는 '순간이동'과는 어떻게 다른지 그리고 이 기술이 왜 중요한지 살펴보려 합니다.

양자 텔레포테이션의 진실과 오해

먼저, 많은 사람들이 가지고 있는 오해부터 짚고 넘어가야 합니다.

'텔레포테이션'이라고 하면 흔히 어떤 물체가 공간을 건너뛰어 A 지점에서 B 지점으로 '순간이동'하는 장면을 떠올립니다. 하지만 양자 텔레포테이션은 물질이 순간이동하는 것이 아니라, 양자 정보를 옮기는 기술입니다. 그것도 빛보다 느린 고전적인 통신 속도에 의존합니다.

좀 더 정확히 말하면, 양자 텔레포테이션은 어떤 입자의 양자 상태 Quantum State를 먼 거리의 다른 입자에 복제하는 기술입니다. 핵심은 '정보의 이동'입니다. A 지점에 있던 원래 입자는 사라지고, 그 정보를 바탕으로 B 지점의 입자를 동일한 양자 상태로 재구성하는 방식이지요.

이 과정을 문서에 비유하자면, 원본을 파쇄하고 그 내용을 바탕으로 먼 곳에서 동일한 문서를 다시 출력하는 것과 비슷합니다. 이때 원본은 더 이상 존재하지 않기 때문에, 단순한 복사와는 다릅니다. 사실, 양자 상태는 복제할 수 없다는 '양자 복제 불가능 정리 No-cloning theorem'에 따라 임의의 양자 상태는 완벽하게 복사될 수 없습니다. 이 정리는 1982년 윌리엄 우터스 William Bill Kent Wootters, 보이치에흐 주렉 Wojciech Hubert Zurek 그리고 독립적으로 네덜란드의 데니스 딕스 Dennis Johan Dieks에 의해 제안되었지요. 이 정리는 임의의 양자 상태는 완벽하게 복제할 수 없다는 사실을 증명합니다. 따라서 양자 텔레포테이션은 그런 복제가 불가능한 상태를 이동시키는 유일한 방법인 셈이지요.

양자 얽힘: 텔레포테이션의 열쇠

양자 텔레포테이션을 가능하게 하는 핵심 원리는 양자 얽힘입니다. 두 입자가 얽혀 있다는 것은, 아무리 멀리 떨어져 있어도 한 입자의 상태를 측정하면 다른 입자의 상태도 동시에 결정된다는 의미였지요. 그러면 실제로 양자 텔레포테이션이 어떻게 작동하는지 예를 들어 보겠습니다. A 지점의 앨리스가 자신이 가진 양자 상태를 B 지점의 친구 밥에게 보내고 싶다고 가정해 봅시다. 이때 필요한 것은 3개의 입자입니다.

입자 1 텔레포트하려는 양자 상태를 가진 입자
입자 2와 3 양자 얽힘 상태에 있는 한 쌍

입자 1은 A 지점에 있는 입자이며, 앨리스는 이 입자의 양자 상태를 B 지점의 밥에게 보내고 싶어 합니다. 입자 2와 입자 3은 처음부터 양자 얽힘 상태에 있는 쌍으로, 앨리스가 입자 2를, 밥이 입자 3을 가지고 있다고 해 봅시다. 즉, 앨리스가 가진 입자 1의 양자 상태를 밥이 가진 입자 3으로 '옮기는 것'이 양자 텔레포테이션의 목적입니다.

현재 앨리스는 입자 1과 입자 2를 가지고 있고, 밥은 입자 3을 가지고 있습니다. 이 상태에서 앨리스는 입자 1과 2에 특수한 양자 조작을 가해 이 둘을 새로운 얽힘 상태로 만듭니다. 입자 2는 입자 3과 이미 얽혀 있었기 때문에, 이 조작은 입자 3의 상태에도 영향을 주게 되지요. 그다음, 앨리스는 입자 1과 2의 양자 상태를 측정합니다. 이 측정으로 인해 두 입자의 상태는 붕괴하게 되지만, 동시에 중요한 정보를 얻게 됩니다. 이때 얻은 2개의 측정값은 고전적인 통신 수단(예: 전화나 인터넷)을 통해 밥에게 전달됩니다.

밥은 이 측정값에 따라 본인의 입자 3에 특정한 양자 조작을 가합니다. 예를 들어, 앨리스가 보낸 값이 0이면 오른쪽으로 돌리고, 1이면 왼쪽으로 돌리는 식의 연산을 수행하는 셈이지요. 중요한 점은 밥이 입자 3의 양자 상태를 직접 측정할 필요는 없다는 것입니다. 앨리스가 보낸 정보를 바탕으로 조작만 해 주면, 입자 3은 입자 1이 가지고 있던 원래 양자 상태와 완벽히 같은 상태가 됩니다. 결국 입자 1의 양자 상태가 얽힘을 매개로 입자 3으로 '텔레포트'된 것이지요.

이처럼 양자 상태를 손실 없이 한 곳에서 다른 곳으로 그대로 전달한다는 것은 정말 놀라운 일입니다. 예를 들어, 어떤 큐비트의 상태를 $a|0\rangle + b|1\rangle$로 표현할 수 있을 때, 계수 a와 b는 무한히 정밀한 실숫값을 가질 수 있으므로, 이 상태는 수학적으로 무한한 양의 고전 정보를 담고 있는 셈입니다. 따라서 이 양자 상태를 정확히 전달한다는 것은 곧 무한한 고전 정보를 전송하는 것과 같은 의미입니다. 또한, 양자 상태는 단순히 측정해서 복사할 수 있는 것이 아닙니다. 그 이유는 2가지입니다.

첫째, 양자 상태는 관측하는 순간 붕괴하기 때문에 측정을 통해 그 상태를 정확하게 아는 것이 원천적으로 불가능합니다. 따라서 양자 상태에 담긴 무한한 정보를 우리가 전부 알아내는 것은 이론적으로 불가능합니다.

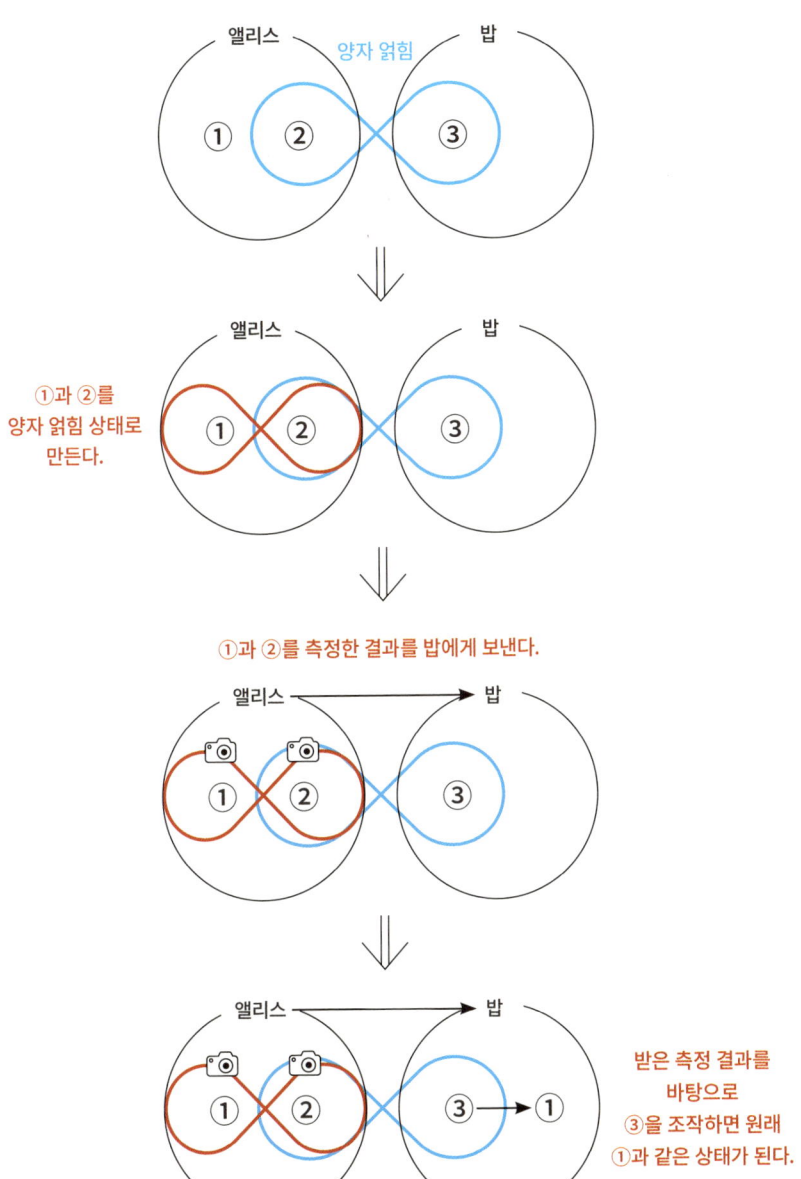

양자 텔레포테이션의 원리.
앨리스와 밥이 미리 양자 얽힘 상태의 두 광자를 나눠 가지고 있는 것이 포인트다.

둘째, 설령 양자 상태를 정확히 알고 있다 하더라도, 이 상태를 고전적인 방식으로 전달하려면 무한한 양의 정보를 전송해야 하므로 현실적으로 구현할 수 없습니다. 이러한 이유로, 양자 텔레포테이션은 양자 상태를 손실 없이 전달할 수 있는 유일한 방법입니다.

현실이 된 양자 텔레포테이션

양자 텔레포테이션은 이렇게 이론적으로는 흥미롭지만, 실현되지 않으면 공상에 그칠 수밖에 없습니다. 1997년, 안톤 차일링거 교수의 연구팀이 처음으로 양자 텔레포테이션을 실험적으로 성공시켰습니다.[2] 이후 광자, 이온, 원자 등 다양한 입자를 이용해 수 킬로미터 거리에서 텔레포테이션이 반복적으로 구현되었습니다.

특히 주목할 만한 사건은 2017년, 중국의 인공위성 '묵자호 Mozi'를 이용한 실험입니다.[3] 이 실험에서 연구진은 지구와 수백 킬로미터 떨어진 위성 사이에 얽힌 광자를 생성하고, 이를 통해 지구에서 우주로의 양자 텔레포테이션을 구현하는 데 성공했습니다. 이는 단지 이론에 머물던 기술이 우주 규모의 실험으로까지 확장되었다는 점에서 의미가 큽니다. 이처럼 양자 텔레포테이션은 양자 통신과 양자 컴퓨터 네트워크의 핵심 기술로 주목받고 있습니다. 예를 들어, 양자 컴퓨터 간에 정보를 주고받거나 양자 메모리와 프로세서를 연결할 때 이 기술이 반드시 필요합니다. 양자 컴퓨터가 지금보다 훨씬 더 강력해져 전 세계에 퍼지게 된다면, 이 기술은 양자 데이터의 원거리 이동이 아니라, 완벽하게 안전하고 정확한 정보 전달의 기반이 될 것입니다.

지금까지 우리는 양자 역학의 주요 개념, 대략적인 역사 그리고 흥미로운 논쟁들에 대해서 알아보았습니다. 조금 어려우셨나요? 그런데 이처럼 난해하고 철학적인 개념들이 정말로 우리 삶과 어떤 관련이 있을까요? 그 답을 알아보기 위해 다음 글에서는 일상 속에서 이미 활용되고 있는 양자 역학의 원리를 하나씩 들여다보려 합니다. 우리가 사용하는 전자기기, 빛, 통신 기술 속에 숨어 있는 양자의 흔적들, 그 놀라운 이야기를 함께 따라가 볼까요?

우리가 매일 만나는 양자, 빛

우리는 매일 빛에 둘러싸여 살아갑니다. 고대에는 태양빛과 별빛이 인류에게 주어진 유일한 빛이었지요. 달빛도 사실은 햇빛이 달에 반사되어 생기는 빛이니까요. 그 뒤로 인류는 나무에 불을 붙여 사용하기 시작했고, 등잔불과 촛불 등 스스로 빛과 열을 만들어 내는 법을 익혀갑니다. 시간이 흘러 전기가 발견되면서 전구가 발명되었고, 초창기에는 다소 노르스름한 빛을 내는 백열등이 널리 쓰였지요. 이어서 하얀 빛을 내는 형광등이 등장하고, 오늘날에는 LED나 레이저처럼 훨씬 정교한 방식의 빛이 만들어지고 있습니다. 이런 현대 기술들에 대해서는 뒤에 자세히 살펴보도록 하고요, 먼저 우리에게 친숙한 '빛'이 양자와 어떻게 연결되어 있는지를 하나씩 들여다보겠습니다.

인류가 처음 만난 빛, 태양

태양은 지구가 탄생한 이래 변함없이 빛과 열을 보내주는 근원입니다. 물리학적으로 보면 태양이 빛을 내는 원리는 매우 정교하고도 아름다운 자연의 과정인데요, 이를 이해하기 위해서는 먼저 태양 내부에서 어떤 일이 벌어지고 있는지를 살펴봐야 합니다.

태양 중심부의 온도는 약 1,500만 도에 이르며, 압력 또한 엄청나게 높습니다. 이러한 환경에서는 수소 원자들이 매우 빠르게 움직이며 서로 격렬하게 충돌합니다. 이 과정에서 일어나는 것이 바로 핵융합 반응입니다. 태양은 대부분 수소로 이루어져 있는데, 수소 원자들이 융합되어 헬륨을 만들어 내는 과정에서 막대한 양의 에너지가 방출됩니다. 이 에너지가 바로 태양이 우리에게 보내는 빛과 열의 근원이 되는 것이지요. 태양 중심부에서 생성된 에너지는 여러 영역을 지나 오랜 시간에 걸쳐 태양 표면까지 도달하고, 이곳에서 가시광선 형태의 빛으로 방출됩니다. 우리가 눈으로 보고 피부로 느끼는 태양빛은 이렇게 긴 여정을 거쳐 지구에 도착한 것입니다.

그런데 왜 태양빛은 약간 노르스름한 흰색일까요? 프리즘을 통해 태양빛을 분해해 보면 빨강, 주황, 노랑, 초록, 파랑, 남색, 보라까지 무지개처럼 다양한 색이 펼쳐집니다. 태양빛이 다양한 파장의 빛을 모두 포함하고 있기 때문이지요. 특히 노란빛을 약간 더 많이 포함하고 있어서 우리 눈에는 하얗고도 따뜻한 색으로 느껴지는 것입니다. 그렇다면 태양은 왜 다양한 색의 빛을 포함하고 있을까요? 그 답은 태양이 흑체와

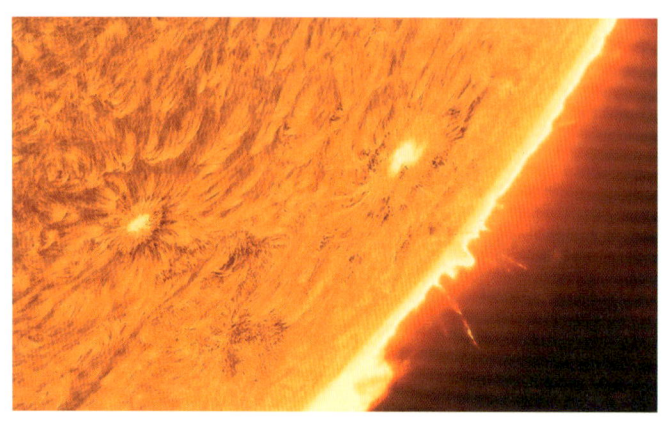

태양 표면.
태양 표면의 온도가 태양의 색깔을 결정한다.
(출처: David Dayag, 2018)

유사한 '천체'라는 데 있습니다. 앞서 흑체 복사와 광자의 개념 그리고 그것이 양자 역학의 출발점이 되었음을 이야기한 바 있지요? 그렇습니다. 태양빛이 하얀 이유에도 양자 역학이 깊이 작용하고 있는 것입니다!

태양의 표면 온도는 약 5,500도입니다. 이 온도에서 흑체가 방출하는 빛은 가시광선 영역에 집중되어 있습니다. 빨강부터 보라까지의 빛이 포함되어 섞이면 우리 눈에는 흰색 혹은 약간 노르스름한 색으로 보이게 되는 것이지요. 게다가 온도가 높을수록 방출되는 빛의 파장은 짧아집니다. 온도가 낮은 물체는 적외선과 같은 긴 파장의 빛을 주로 내고, 온도가 올라가면 붉은색에서 점차 주황, 노랑, 초록, 파랑, 보라색으로 빛의 색이 변해갑니다.

5,500도는 전체 별들 중에서는 중간 정도의 온도입니다. 예를 들

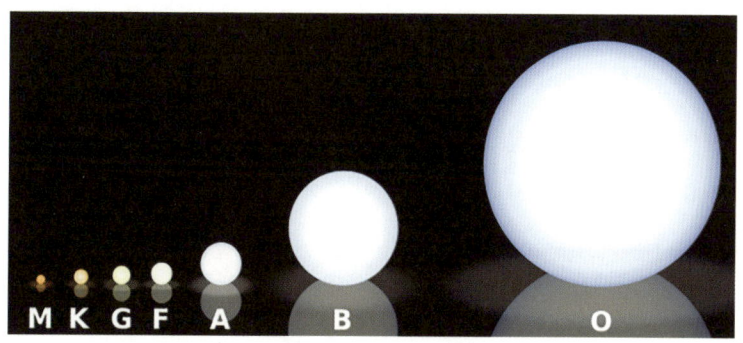

행성 표면 온도별 색깔을 표시한 모건 키넌(Morgan-Keenan, MK) 분광 분류 체계. 태양은 G 정도의 색깔에 해당한다.
(출처: Rursus, 2007)

어, 태양보다 온도가 낮은 붉은 왜성은 약 3,000도 내외로 붉게 보이고, 10,000도 이상의 온도를 가진 청색 거성은 강한 푸른빛을 냅니다. 이러한 현상은 양자 역학의 핵심인 '광자'의 개념을 통해 완전히 이해할 수 있게 되었지요.

이처럼 우리가 매일 마주하는 태양빛 속에는 단순한 아름다움을 넘어, 고전 물리학의 한계를 넘어선 양자 이론의 탄생 배경이 담겨 있습니다. 다시 말해, 우리가 매일 만나는 햇빛도 양자의 언어로 우주가 들려주는 메시지인 셈입니다.

흑체 복사가 아닌 새로운 빛: 형광등의 원리

인류가 스스로 빛을 만들기 시작하면서 더 이상 태양과 별에만 의

존하지 않게 되었습니다. 우리가 사용해 온 촛불, 등불, 백열전구 등은 모두 뜨거운 물체에서 나오는 빛, 즉 흑체 복사의 예라고 할 수 있습니다. 이들은 온도에 따라 방출하는 빛의 색이 달라지지요. 예를 들어, 약 1,000도의 온도를 가진 촛불은 붉은빛을 띠고, 가스레인지의 불꽃을 보면 외곽은 붉고 중심부는 푸른색을 보입니다. 백열전구는 전류가 약할 때는 주황빛, 강할 때는 노르스름한 흰빛을 냅니다. 이 모두가 온도에 따른 흑체 복사의 결과입니다.

그런데 우리가 사용하는 조명 중에서는 흑체 복사와는 전혀 다른 원리로 작동하는 빛도 있습니다. 바로 형광등입니다. 형광등은 원자 내부에 존재하는 '띄엄띄엄한' 에너지 준위 사이를 전자가 오가며 빛을 만들어 냅니다. 이건 명백히 양자 역학이 개입된 현상이지요. 이때 양자화된 에너지 준위Quantized energy level란, 원자 안의 전자가 가질 수 있는 에너지의 정해진 단계를 말합니다. 전자는 아무 에너지나 가질 수 있는 게 아니라 마치 계단처럼, 딱 정해진 값만 가질 수 있습니다. 바로 그 값이 에너지 준위인 것이지요.

형광등의 구조를 살펴보면, 양쪽 끝에 전극이 달린 유리관 안에 수은Hg 증기와 불활성 기체(보통 아르곤)가 들어 있습니다. 유리관의 안쪽 벽에는 형광 물질이 코팅되어 있고요. 전기가 흐르면 전극에서 전자가 방출되어 수은 원자와 충돌합니다.

이때 수은 원자의 전자가 에너지를 받아 높은 에너지 상태로 들뜨게 되고, 다시 낮은 상태로 돌아오며 자외선UV을 방출합니다. 이 자외선은 사람의 눈에는 보이지 않지만, 유리관 안쪽에 코팅된 형광 물질이

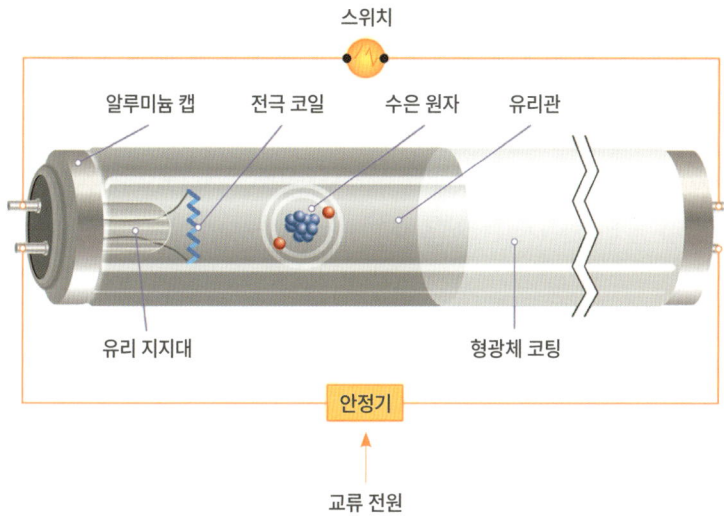

형광등 구조도.
들뜬 수은 원자가 바닥 상태로 돌아오면서 방출하는 빛을 이용한다.

이를 흡수합니다. 형광 물질 역시 양자화된 에너지 준위를 가지고 있기 때문에 자외선을 흡수하고, 전자가 들떴다가 다시 낮은 에너지 상태로 돌아오며 가시광선을 방출합니다. 이때 사용하는 형광 물질의 종류에 따라 나오는 빛의 색깔이 달라지고, 적절히 섞으면 백색광이 만들어집니다. 우리가 보는 백색 형광등이나 주황색, 파란색을 띠는 형광등도 모두 이 같은 원리로 작동합니다. 이렇게 해서 우리 눈에 보이는 빛이 만들어지는 것이지요. 형광등은 백열전구보다 훨씬 효율적으로 전기 에너지를 빛 에너지로 변환시킵니다. 백열전구는 대부분의 에너지를 열로 손실하지만, 형광등은 비교적 직접적으로 에너지를 빛으로 바꾸기 때문에 같은 밝기를 내면서도 훨씬 적은 전력을 사용합니다.

　이처럼 형광등은 양자 역학이 우리 삶에 얼마나 깊숙이 스며들어 있는지를 보여주는 대표적인 사례입니다. 전자 에너지 준위, 양자 도약, 자외선의 방출과 형광 물질의 재방출까지 형광등 하나에도 우주의 근본 법칙이 작용하고 있다니, 물리학이 새삼 더 흥미롭게 느껴지지 않나요?

양자가 만든 일상의 혁명, LED

요즘 우리가 일상에서 가장 자주 접하는 빛 중 하나가 아마 LED일 것입니다. 스마트폰 화면, 가로등, TV, 자동차 전조등, 냉장고 안의 불빛까지…. LED는 이제 거의 모든 인공광의 중심에 자리 잡고 있지요. 이렇게 매일 같이 LED를 마주하며 살아가지만, LED가 어떻게 작동하는지 그리고 왜 그렇게 전기를 아껴주는지까지 아는 분은 많지 않습니다. 그런데 놀랍게도, 이 작고 효율적인 빛의 원천 뒤에 '양자 역학'이라는 과학의 세계가 숨어 있습니다.

LED가 도대체 뭘까?

LED는 '발광다이오드 Light-Emitting Diode'의 줄임말입니다. 전기를 흘려주면 스스로 빛을 내는 아주 작은 전자 소자입니다. 일반 백열전구는 필라멘트를 달궈서 열과 함께 빛을 내는데, 이때 나오는 빛 중 우리가 실제로 보는 가시광선은 5% 정도에 불과합니다. 나머지 95%는 눈에 보이지 않는 적외선이나 열로 손실되죠. 형광등은 이보다는 나아 효율이 15~25% 정도지만, 수은이 자외선을 내고 그것이 다시 형광 물질에 흡수되어 가시광선으로 바뀌는 여러 단계의 과정을 거치기 때문에 완전히 효율적이지는 않습니다. 반면, LED는 전자가 직접 빛을 만들어 냅니다. 이 과정에서 열 손실이 거의 없고, 전력 효율은 평균 40~60%로 매우 높습니다. 수명도 길고요. 바로 이 점이 LED가 백열전구나 형광등을 빠르게 대체하게 된 핵심 이유입니다. 그렇다면, 이 놀라운 효율의 비밀은 어디에서 오는 걸까요?

LED는 어떻게 빛을 낼까?

LED의 작동 원리는 전적으로 '양자 역학'에 기반하고 있습니다. 물질을 구성하는 원자나 분자는 중심에 양전하를 띤 원자핵이 있고, 그 주위를 전자들이 돌고 있지요. 이 전자들은 아무 에너지 상태에서나 존재할 수 있는 것이 아니라, 정해진 에너지 상태(마치 건물의 층수처럼)에만 머무를 수 있습니다.

이런 전자 에너지 상태들이 모여서 고체 안에서는 '에너지 밴드'를 형성합니다. 특히 반도체에서는 2가지 주요 밴드가 중요한데요, 전자들이 가득 찬 '가전자대 valence band'와 전자들이 자유롭게 움직일 수 있는 '전도대 conduction band'입니다. 이 둘 사이에는 전자가 존재할 수 없는 '밴

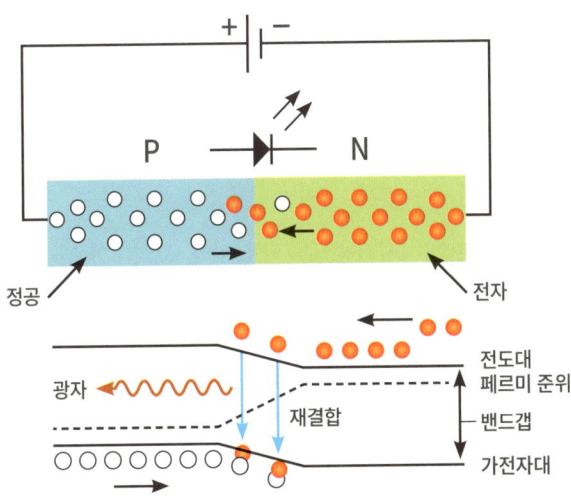

LED의 구조.
반도체의 전도대의 전자와 가전자대의 정공이 재결합하면서 방출하는 빛을 이용한다.
(출처: S-kei. 2011)

드갭band gap'이라는 틈이 있습니다. LED는 이 밴드갭에서 빛을 만들어 냅니다.

    LED는 서로 다른 두 종류의 반도체를 붙여서 만듭니다. 이 둘이 만나는 경계면을 'PN 접합'이라고 부르지요. 하나는 전자가 많아서 가전자대를 다 채우고 전도대에도 전자가 있는 N형, 다른 하나는 전자가 모자라서 가전자대에 정공hole이 많은 P형입니다. 아무런 조작이 없을 때는 이 경계에 장벽이 있어서 전자가 쉽게 넘나들 수 없습니다. 하지만 전원을 켜고 적절한 방향으로 전압을 걸어 주면, 이 장벽이 낮아지고 전자들이 자유롭게 이동하게 됩니다. N형 반도체의 전도대에 있던 전자들은 P형 반도체로, P형 반도체의 가전자대에 있는 정공은 N형 쪽으로 이동하려 합니다. 그리고 경계면에서 이 둘이 만나게 되지요. 전자는 정공을 만나면 그 자리를 채우게 되는데, 이때 높은 에너지 상태(전도대)에 있던 전자가 낮은 상태(가전자대)로 이동하며 에너지를 방출합니다. 이 방출된 에너지가 바로 '빛'입니다. 그러니까 LED는 전기적 신호를 양자 역학적 반응으로 바꾸어 빛을 내는 장치라고 할 수 있겠습니다.

LED의 색깔은 어떻게 정해질까?

백열전구는 대체로 노르스름한 흰색 빛을 냅니다. 전류의 세기에 따라 약간의 차이는 있지만, 기본색은 거의 변하지 않지요. 빨간색 백열전구를 만들려면 유리구에 빨간색 도료를 칠하는 방법밖에 없습니다. 하지만 LED는 다릅니다. 유리에 색을 칠하지 않아도 빨강, 초록, 파랑 등 여러 색을 낼 수 있지요. 그 이유는 빛이 만들어지는 방식에 차이가 있기 때문입니다.

LED에서 빛이 나는 원리는 '양자 도약quantum jump'입니다. 전자가 높은 에너지 상태에서 낮은 상태로 떨어지면서 빛을 내는 현상이지요. 이때 전자가 잃는 에너지의 크기는 반도체의 밴드갭 크기에 따라 정해집니다. 밴드갭이 크면 에너지가 큰 짧은 파장의 푸른빛이, 작으면 에너지가 작은 긴 파장의 붉은빛이 만들어집니다.

이처럼 LED의 색은 그 안에 들어간 반도체 재료의 특성, 곧 '양자역학적 성질'에 따라 정확히 결정되는 것이지요. 예를 들어, 갈륨-질소 GaN 기반의 반도체는 파란빛을, 갈륨-비소 GaAs 는 빨간빛을 냅니다. 원하는 색에 따라 특정 재료를 선택해서 LED를 설계할 수 있는 것이지요. 이렇게 재료를 통해 정확하고 선명한 색을 낼 수 있기 때문에 LED는 조명뿐만 아니라 디스플레이, 심지어 통신 장비에도 폭넓게 활용되고 있습니다.

파란색 LED와 노벨상

LED의 역사는 꽤 오래되었습니다. 1927년, 소련의 과학자 올렉 로세프 Oleg Losev 가 처음 LED를 개발한 이후 오랫동안 적외선 영역에서만 연구가 진행되었습니다. 1960년대에 들어 처음으로 산업용 적외선 LED가 만들어졌고, 1962년에는 제너럴 일렉트릭 GE 사의 닉 홀로니악 Nick Holonyak Jr. 박사가 세계 최초의 빨간색 LED를 개발했습니다.

초기 LED는 매우 비쌌지만, 기술이 발전하면서 빠르게 가격이 낮아졌고, 빨강, 주황, 노랑, 초록 등 다양한 색상의 LED가 개발되었습니다. 그러나 LED가 백열전구를 완전히 대체하려면 꼭 필요한 색이 하나 있었습니다. 바로 파란색입니다. 빨강, 초록, 파랑—이 빛의 삼원색을 조합해야 하얀빛을 만들 수 있기 때문이지요.

하지만 파란색 LED는 오랫동안 개발되지 못했습니다. 파란빛은 에너지가 매우 크기 때문에, 그에 맞는 반도체 재료를 찾는 것이 매우 어려웠던 것입니다. 이 난제를 해결한 이들이 바로 일본의 과학자 아카사키 이사무赤崎勇, 아마노 히로시天野浩, 나카무라 슈지中村修二였습니다. 이들은 질화갈륨GaN이라는 단단하고 안정적인 재료를 정교하게 다루어 마침내 파란색 LED를 만들어 내는 데 성공했고, 이 공로로 2014년 노벨 물리학상을 받게 됩니다. 노벨위원회는 이들에게 상을 수여하며 다음과 같이 평가했습니다.

"그들은 인류에게 큰 혜택을 준 발명을 해냈다."

작은 푸른빛 하나가 가져온 거대한 변화, 이것이야말로 과학이 세상을 어떻게 바꾸는지를 보여주는 아름다운 사례 중 하나일 것입니다.

우리가 켠 작은 불빛 속에도

최근에는 양자 역학을 바탕으로 물질의 성질을 더 정밀하게 계산하고, 전자의 상태를 조작해 우리가 원하는 LED를 설계할 수 있게 되었습니다. 이는 단지 색을 정하는 것을 넘어 더 밝고, 더 효율적이며, 더 정교한 LED를 만들어 내는 데 쓰이고 있습니다.

많은 사람들은 스마트폰 화면이나 가로등 혹은 냉장고 불빛에 양자 역학이 숨어 있다고 상상하지 않습니다. 하지만 우리가 무심코 켜는 LED 하나에도 전자의 도약과 에너지 밴드의 구조 그리고 빛의 입자인 광자의 방출이라는 정밀한 양자 현상이 숨겨져 있습니다.

과학이 쏘아 올린 직진의 광선, 레이저

앞서 살펴본 LED와 비슷해 보이는 기술로 '레이저'가 있습니다. 이제는 우리 일상에서 쉽게 찾아볼 수 있는 기술이지요. 슈퍼마켓 계산대의 바코드 리더기, 안과에서의 레이저 시력 교정 수술 그리고 우리가 집에서 사용하는 DVD 플레이어까지…. 레이저는 현대 문명 속에서 빠질 수 없는 존재입니다.

그렇다면 LED와 레이저의 가장 큰 차이는 무엇일까요? 바로 '직진성'입니다. 레이저에서 나오는 빛은 퍼지지 않고 곧게 뻗어나갑니다. 발표할 때 사용하는 레이저 포인터를 떠올려 보면 쉽게 이해할 수 있지요. 이러한 특성은 레이저에서 나오는 모든 빛, 즉 광자들이 서로 완벽히 같은 성질을 가지기 때문입니다. 전문적으로는 이 상태를 '결맞음 상태_{coherent state}'라고 부릅니다. 이렇게 똑같은 빛을 만들어 내기 위해서도 양자 역학이 필요합니다. 레이저는 양자 역학이라는 20세기 물리학

혁명이 실제 기술로 구현된 최초의 사례 중 하나로, 빛의 본질과 물질과의 상호작용을 정밀하게 이해한 끝에 탄생한 성과입니다.

레이저의 원리

레이저의 원리를 이해하기 전에, 잠시 빛과 양자 역학의 관계를 복습해 볼까요? 19세기까지만 해도 빛은 단지 파장과 진폭을 지닌 전자기파로만 여겨졌습니다. 그러나 20세기 초, 알베르트 아인슈타인은 광전 효과를 설명하며 빛이 입자의 성질도 지니고 있다는 사실을 밝혔습니다. 이 빛의 입자를 '광자 photon'라고 부르지요. 즉, 빛은 파동이면서도 입자인 '이중성'을 지니고 있다는 것, 바로 양자 역학의 핵심 개념 중 하나이지요. 레이저는 이 빛의 이중성, 특히 입자적인 성질을 철저히 이용한 기술입니다. 빛은 원자가 높은 에너지 상태에서 낮은 에너지 상태로 변할 때 생깁니다. 이때 나오는 여분의 에너지가 바로 빛입니다. 이 과정은 크게 2가지 방식으로 나뉘는데요, 하나는 '자발 방출 spontaneous emission'입니다. 에너지가 높은 들뜬 상태의 원자가 스스로 낮은 에너지 상태로 내려가며 빛을 방출하는 현상이죠. 우리가 사용하는 일반 전구, 형광등, LED에서 나오는 빛은 모두 이 자발 방출을 통해 만들어집니다.

하지만 1916년, 알베르트 아인슈타인은 또 다른 방식, 즉 '유도 방출 stimulated emission'을 이론적으로 예측합니다. 유도 방출은 들뜬 상태에 있는 원자가 특정 에너지를 가진 광자 하나와 마주쳤을 때 그와 완전히 똑같은 광자를 하나 더 방출하는 현상입니다. 이렇게 만들어진 2개의 광자는 마치 복사된 쌍둥이처럼 같은 에너지, 같은 위상, 같은 방향을 가지게 되지요. 이 유도 방출 현상이 바로 레이저의 핵심입니다.

구분	자발 방출(spontaneous)	유도 방출(stimulated)
방출 원인	원자가 스스로 에너지를 줄이며 빛을 냄	다른 빛이 들뜬 상태의 원자를 자극해서 똑같은 빛을 하나 더 만들어 냄
빛의 성질	나오는 빛의 방향, 색, 리듬이 제각각임	처음 들어온 빛과 색, 방향, 리듬까지 모두 똑같음
발생 조건	자연스럽게 자주 일어남	특별한 조건(많은 원자가 높은 에너지 상태일 때)에서만 잘 일어남
쓰임새	형광등, LED, 햇빛처럼 자연광에서 주로 발생	레이저처럼 매우 정돈된 빛을 만들 때 사용됨

자발 방출과 유도 방출의 차이.

레이저의 조건

유도 방출이 활발히 일어나려면 가능한 한 많은 입자들이 들뜬 상태에 있어야 합니다. 하지만 자연 상태에서는 들뜬 상태에 오래 머무는 입자가 거의 없습니다. 그래서 레이저에서는 '반전 분포population inversion'라는 특수한 상태를 만들어야 합니다. 쉽게 말해, 낮은 에너지 상태보다 높은 에너지 상태에 더 많은 입자가 존재하도록 만드는 것이지요.

이런 반전 분포 상태를 유지하려면 외부에서 에너지를 계속 공급해 줘야 합니다. 이 과정을 '펌핑pumping'이라고 부릅니다. 펌핑에는 여러 방식이 있는데, 빛을 이용하기도 하고, 전기나 화학 반응을 활용하기도 합니다. 이러한 방식으로 에너지를 공급해 주면 들뜬 상태의 입자들이 유도 방출을 반복하며 빛이 점점 증폭됩니다. 이것이 바로 레이저입니다.

레이저의 구성 요소

첫 번째는 활성 매질gain medium입니다. 이것은 유도 방출이 일어나 빛이 증폭되는 장소입니다. 활성 매질은 들뜬 상태에 있던 입자가 낮은 에너지 상태로 떨어지며 빛을 내는 과정을 반복해, 계속해서 빛을 만들어 냅니다. 이때 들뜬 상태와 바닥 상태 사이의 에너지 차이가 바로 그 레이저가 내는 빛의 색깔(파장)을 결정하지요. 활성 매질에는 다양한 형태가 있습니다. 고체 상태로는 루비나 레이저에 자주 사용되는 Nd:YAG 같은 결정체가, 액체로는 염료가, 기체로는 헬륨-네온이나 이산화탄소CO_2가 사용됩니다.

두 번째는 펌핑 장치입니다. 레이저가 작동하려면 들뜬 상태에 있는 입자가 바닥 상태보다 많아야 합니다. 이러한 반전 분포 상태를 유지하기 위해 외부에서 계속 에너지를 공급해 주는 것이 바로 펌핑 장치입니다. 플래시램프처럼 빛을 이용한 방식, 전기 방전 혹은 또 다른 레이저를 이용해 에너지를 주입하는 방식 등이 있습니다. 펌핑 장치는 말 그대로 레이저의 에너지원인 셈이지요.

세 번째는 공진기resonator입니다. 이 부분은 레이저의 빛이 한 방향으로만 증폭되도록 도와주는 장치입니다. 공진기는 보통 2개의 거울로 이루어져 있는데, 한쪽 거울은 빛을 전혀 통과시키지 않는 완전 반사 거울이고, 다른 한쪽은 일부만 반사하여 나머지 빛은 바깥으로 나가도록 설계되어 있습니다. 활성 매질에서 방출된 광자는 이 두 거울 사이에서 반복적으로 반사되며 활성 매질을 계속 통과하게 됩니다. 그 과정에서 또 다른 유도 방출이 일어나고, 그렇게 만들어진 광자들이 더해져 빛이 점점 강해지는 것이지요. 이렇게 공진기는 빛의 증폭을 연쇄적으로 일으키고, 최종적으로는 일정한 방향과 강도로 레이저 빛이 외부로 나갈 수 있도록 도와줍니다.

이렇게 3가지 요소가 함께 작동하면 레이저가 만들어집니다. 그 빛은 퍼지지 않고 한 방향으로 곧게 나아가며(직진성), 모든 빛 알갱이(광자)들이 같은 리듬으로 진동하고(위상 일치), 똑같은 색과 파장을 가지는(단색성) 고도로 정돈된 빛이 되는 것이지요. 바로 이런 특징 덕분에 레이저는 다른 빛보다도 정밀하고 강력하게 우리 생활에 쓰일 수 있습니다.

양자 역학이 선물한 인류의 가장 예리한 도구

알베르트 아인슈타인이 '유도 방출'이라는 개념을 이론적으로 제시한 이후, 많은 과학자들이 이를 실제로 구현해 빛을 증폭하려는 연구를 이어갔습니다. 알베르트 아인슈타인이 처음 이론을 발표한 뒤 수십 년이 지난 1953년, 미국의 찰스 타운스Charles Townes와 아서 숄로Arthur Schawlow는 그 가능성을 처음 현실로 만들어 냈지요. 이들은 빛과 같은 전자기파의 일종인 마이크로파를 증폭할 수 있는 장치, 즉 '메이저MASER'를 개발하는 데 성공했습니다. 이 공로로 찰스 타운스는 1964년 노벨 물리학상을 수상하게 됩니다.

    그로부터 몇 해 뒤인 1958년, 고든 굴드Gordon Gould는 메이저의 원리를 광학 영역으로 확장한 '광학 메이저optical MASER', 바로 오늘날 우리가 말하는 레이저를 제안했고, 1960년에는 시어도어 메이먼Theodore Maiman이 루비 결정을 이용해 세계 최초의 레이저를 실제로 구현하면서 본격적인 레이저 시대가 열리게 됩니다.

    이후 과학자들은 다양한 물질을 활성 매질로 활용한 새로운 형태의 레이저를 개발해 왔습니다. 헬륨-네온 레이저, 반도체 레이저, 이산화탄소CO_2 레이저 등 여러 형태가 등장했고, 이러한 레이저들은 점차 의료, 산업, 통신을 비롯한 다양한 분야로 널리 확산되었습니다. 특히 레이저가 가진 3가지 뚜렷한 특성—높은 에너지 집중성, 뛰어난 방향성 그리고 일정한 파장(단색성)—은 기존 기술의 한계를 넘어서는 새로운 가능성을 열어 주었습니다. 실제로 레이저는 다음과 같은 분야에서 혁신적인 변화를 이끌어 내고 있습니다.

- **의료 분야** 시력 교정 수술LASIK, 피부 치료, 종양 제거 등
- **산업 분야** 금속 절단 및 용접, 정밀 가공

- **정보 통신** 광통신 및 광섬유를 통한 초고속 데이터 전송
- **일상 생활** CD/DVD 플레이어, 레이저 프린터, 바코드 리더기 등

이처럼 레이저는 이미 우리 삶 속 깊숙이 자리 잡았지만, 그 진화는 여전히 현재 진행형입니다. 가령 최근에는 양자 컴퓨터 분야에서 큐비트를 정밀하게 제어하기 위한 핵심 도구로 레이저가 활용되고 있으며, 핵융합 에너지 연구에서도 강력한 레이저를 이용해 원자핵을 융합시키는 실험이 진행되고 있습니다. 이 외에도 우주 통신, 군사 기술, 환경 오염 측정 같은 첨단 분야에서도 레이저는 없어서는 안 될 중요한 기술로 자리매김하고 있지요.

레이저는 말 그대로, 양자 역학이 인류에게 선물한 가장 정밀하고 예리한 도구라고 할 수 있습니다. 많은 과학자들의 수고로 만들어진 이 빛은 단순한 기술을 넘어, 과학이 세상을 어떻게 바꾸는지를 보여주는 상징이기도 하고요. 이제 우리는 레이저를 통해 우주의 비밀을 들여다보고, 생명의 신비를 밝혀내며, 더 나은 내일을 설계할 수 있게 되었습니다. 과학의 빛은 그렇게 인간의 상상력을 현실로 이끌고 있는 중입니다.

광통신 없이는 구글도 답이 없다

광통신 기술은 현대 정보 사회를 움직이는 든든한 토대입니다. 우리가 매일 사용하는 인터넷, 휴대전화, 텔레비전은 모두 빛을 이용해 정보를 주고받는 광통신 네트워크 덕분에 가능해졌지요. 많은 분들이 광통신이 단지 고전적인 전자기학으로만 이루어졌다고 생각하지만, 사실 그 핵심에는 양자 역학이 깊숙이 숨어 있습니다. 특히 레이저, 광검출기, 광증폭기처럼 광통신에서 꼭 필요한 기술들은 양자적인 현상이 뒷받침되지 않으면 제대로 작동할 수 없습니다. 앞에서는 레이저에 대해 이야기했으니, 이제는 광증폭기와 광검출기가 어떤 원리로 작동하는지 그리고 왜 양자 역학이 중요한지 함께 살펴보겠습니다.

광증폭기: 유도 방출을 통한 빛의 증폭

광통신에서는 신호를 먼 거리까지 보내기 위해 광섬유를 따라 빛을 전송합니다. 하지만 이 과정에서 빛은 점점 약해질 수밖에 없습니다. 광통신에 사용되는 광섬유는 일반적으로 고순도 실리카 유리 silica glass로 만들어지는데요, 이 실리카 유리는 빛의 투과율이 매우 높아서 광통신에 꼭 맞는 재료입니다.

특히 광통신에서는 1,550나노미터nm 파장의 적외선 빛을 주로 사용하는데, 이 파장이 실리카 유리에서 손실이 가장 적기 때문입니다. 하지만 아무리 뛰어난 재료라도 100% 완벽하게 빛을 통과시키지는 못합니다. 빛이 광섬유 속을 이동하는 동안, 유리 내부의 미세한 불순물이나 분자 구조에 의해 일부 광자가 흡수되거나 산란되어 에너지를 잃게 되지요.

일반적으로 광섬유의 빛 손실은 1킬로미터당 약 0.2데시벨dB 정도인데, 이는 빛이 1킬로미터를 지나면서 약 5% 정도 세기가 약해진다는 뜻입니다. 얼핏 보면 그리 큰 손실은 아닐 수 있지만 예를 들어, 한국에서 태평양을 건너 미국 서버에 접속할 정도의 거리에서는 수백, 수천 킬로미터에 걸쳐 빛이 이동해야 하므로 이 손실이 누적되어 신호가 매우 약해지게 됩니다.

광통신에서는 빛 그 자체가 정보를 담고 있기 때문에, 빛의 세기가 약해지면 신호도 제대로 전달되지 않게 됩니다. 따라서 이러한 빛의 손실 문제는 반드시 해결해야 할 기술적 과제입니다. 바로 이때, 약해진 빛을 다시 강하게 만들어 주는 장치인 광증폭기가 등장하게 됩니다. 그리

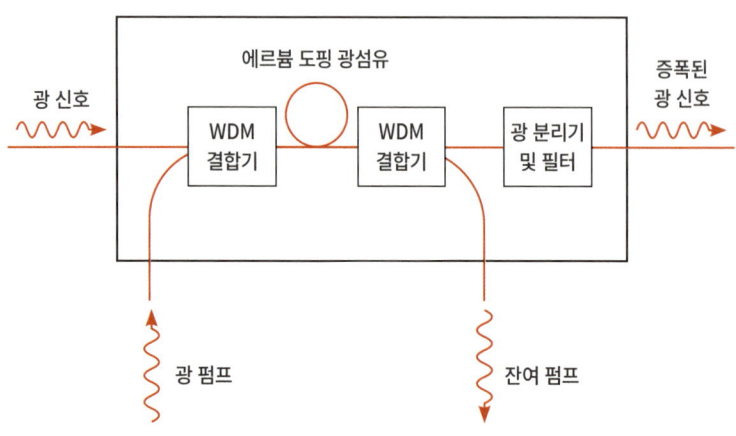

에르븀 도핑 광섬유 증폭기 원리.
유도 방출을 이용하여 빛을 증폭한다.
(출처: SOFTEL)

고 이 과정에서도 다시 한번 양자 역학이 중요한 역할을 하게 되지요.

가장 대표적인 광증폭 장치로는 에르븀 도핑 광섬유 증폭기Erbium-Doped Fiber Amplifier, EDFA가 있습니다. 이 장치는 전기 신호로 바꾸는 과정 없이 빛을 빛 그대로 증폭할 수 있다는 장점 덕분에 초고속 데이터 전송이 가능합니다. EDFA에서 빛을 증폭하는 핵심 원리는 앞서 설명했던 유도 방출입니다. 유도 방출이 일어나기 위해서는 먼저 '반전 분포' 상태를 만들어야 하는데요, EDFA는 '펌프 레이저'라는 또 다른 빛을 사용해 이 반전 분포를 형성합니다.

펌프 레이저의 빛은 EDFA 내부에 포함된 에르븀 이온을 들뜨게

하여 높은 에너지 상태로 만들어 줍니다. 이 상태에서 광섬유를 따라 신호 빛이 들어오면, 들뜬 이온이 유도 방출을 통해 신호 빛과 동일한 새로운 광자를 추가로 만들어 냅니다. 결과적으로 신호 빛이 복제되어 세기가 더 커지게 되는 것이지요. 이렇게 하면 신호에 담긴 정보는 그대로 유지되면서 빛의 세기만 효과적으로 높일 수 있습니다.

하지만 모든 이온이 유도 방출만을 통해 바닥 상태로 내려오는 것은 아닙니다. 일부 이온은 외부 자극 없이 스스로 에너지를 방출하는 자발 방출이라는 과정을 통해 바닥 상태로 돌아갑니다. 자발 방출도 양자 역학적인 현상인데, 이 과정에서 발생하는 광자는 신호와 무관한 방향이나 위상을 가지기 때문에 잡음이 됩니다.

이러한 자발 방출 잡음은 피할 수 없는 숙제이지만, 과학자들은 이를 줄이기 위해 많은 노력을 기울여 왔습니다. 예를 들어, 펌프 레이저의 파장과 세기를 정밀하게 조절하고, EDFA의 구조를 개선하는 방식으로 잡음을 최소화하려는 연구가 계속되어 왔습니다. 그럼에도 불구하고 자발 방출에 의한 잡음을 완전히 없애기는 어렵기 때문에, 실제 광통신 시스템에서는 양자 잡음을 고려한 고급 신호 처리 기술을 함께 사용해 신호 품질을 최대한 유지하고 있습니다.

광검출기와 양자 효율성

광검출기는 광통신의 마지막 단계에서 빛을 다시 전기 신호로 바꾸는 역할을 하는 장치입니다. 그중에서도 가장 널리 사용되는 장치는 바로 포토다이오드 Photodiode, PD 인데요. 이 포토다이오드는 양자 역학의 원리를 바탕으로 광자가 가진 에너지를 전기적인 신호로 바꾸어 줍니다.

포토다이오드는 앞서 소개한 LED와 반대 작용을 한다고 보면 이해하기 쉽습니다. LED가 전기를 빛으로 바꾼다면, 포토다이오드는 빛을 전기로 바꾸는 것이지요. 빛이 포토다이오드에 들어오면, 그 안에 있는 전자의 양자 상태가 광자의 에너지에 의해 변하게 되고, 그 변화가 전류를 만들어 내는 것입니다. 이 모든 과정은 양자 역학의 도움 없이는 설명할 수 없습니다. 조금 더 자세히 이야기해 볼까요?

이 장치 내부에는 보통 실리콘 Si 이나 인듐갈륨아세나이드 InGaAs 같은 반도체 물질이 사용됩니다. 광자가 이 반도체에 들어오면, 광자는 자신의 에너지를 반도체 내부의 전자에게 전달합니다. 광자의 에너지는 파장에 반비례하므로, 파장이 짧을수록 에너지가 더 큽니다. 만약 광자의 에너지가 반도체 내 전자가 밴드갭을 넘어설 수 있을 만큼 충분히 크다면, 전자는 원래 자리인 가전자대에서 더 높은 에너지의 전도대로 이동하게 됩니다.

이때 가전자대를 빠져나간 전자의 자리는 '정공'이라고 불리는 빈자리로 남게 되지요. 전자와 정공 쌍이 생성되면 반도체에 전류가 흐를 수 있게 됩니다. 만일 광자가 여러 개 들어왔다면 그만큼 전자-정공 쌍이 많이 생성되어 큰 전류가 흐르겠지요. 즉, 포토다이오드에 빛이 들어오면 전류가 흐르게 되고, 우리는 이 전류의 세기를 측정함으로써 빛의 세기도 알 수 있는 것입니다.

포토다이오드.
빛이 들어오면 전기로 바꾸어 준다.
(출처: John Maushammer, 2006)

    이러한 과정이 양자 역학과 깊게 연관된 이유는, 광자 하나와 전자의 상호작용이 양자 역학적으로 정확히 규정되어 있기 때문입니다. 즉, 빛과 전자가 어떻게 에너지를 주고받는지는 고전 물리학이 아닌 양자 역학의 법칙으로 설명이 가능하다는 말입니다. 먼저 양자 역학에서는 빛의 입자인 '광자'가 존재하며, 이 광자는 플랑크 상수 Planck's Constant와 빛의 진동수의 곱으로 결정되는 특정한 에너지를 가지고 있다는 사실을 밝혔습니다. 빛은 단순한 파동이 아니라 하나하나의 광자가 일정한 에너지를 가지고 날아다니는 입자이기도 하다는 뜻이지요.

    이때 광자의 에너지가 반도체의 밴드갭보다 크다면, 전자는 에너지 밴드(Energy Band, 전자가 에너지를 가질 수 있는 구간)를 뛰어넘어 가전자대에서 전도대로 올라갈 수 있는 것입니다. 쉽게 말해, 빛이 전자에게 충분한 에너지를 주면 전자가 '움직일 수 있는 상태'로 바뀌는 것입니다.

하지만 광자 하나가 포토다이오드에 도달한다고 해서 항상 전자가 전도대로 올라가는 것은 아닙니다. 실제로 광자가 전자-정공 쌍을 만들어 내는 비율은 양자 효율성Quantum Efficiency이라는 개념으로 나타냅니다. 양자 효율성은 광검출기의 성능을 좌우하는 아주 중요한 지표입니다. 그리고 이 값은 포토다이오드에 사용된 재료, 구조 그리고 입사하는 빛의 파장에 따라 달라집니다.

예를 들어, 우리 눈에 보이는 가시광선(약 400~900나노미터) 영역에서 주로 사용되는 실리콘Si 기반 포토다이오드는 일반적으로 70~90% 정도의 양자 효율을 보입니다. 반면, 광통신에서 주로 사용하는 적외선 영역(특히 1,310나노미터와 1,550나노미터 부근)에서는 인듐갈륨아세나이드InGaAs 기반 포토다이오드가 더 효과적입니다. 이들은 약 70~85% 사이의 양자 효율을 기록하지요. 양자 효율이 높을수록 적은 빛으로도 더 많은 신호를 얻을 수 있으므로, 더 성능 좋은 광검출기를 만들기 위해 반도체 물질의 조성, 두께, 구조 등을 정밀하게 설계하는 다양한 연구가 활발히 이루어지고 있습니다.

최근에는 한 걸음 더 나아가 초전도 물질을 활용해 양자 효율이 99%가 넘는 광검출기가 개발되기도 했습니다. 말 그대로 양자 역학의 끝판왕이라고 부를 만한 기술이지요. 이처럼 광검출기 내부에서 벌어지는 모든 과정은 양자 역학적 현상에 바탕을 두고 있습니다. 이 원리에 대한 깊은 이해는 광통신 시스템의 정밀성과 효율을 더욱 끌어올리는 데 큰 도움을 줍니다.

앞으로 광통신 분야에서 양자 역학은 더욱 넓고 깊게 활용될 것입니다. 양자적 원리를 기반으로 한 기술 혁신을 통해 우리는 더 빠르고, 더 안전하며, 더 신뢰할 수 있는 정보 통신 환경을 만들어 가고 있지요.

기존 기술에 대한 양자적 이해와 새로운 양자 기반 기술의 발전은 계속해서 이어지고 있습니다. 그리고 이 모든 흐름은 결국, 우리의 일상과 세상을 더 편리하고 풍요롭게 변화시키는 데 큰 역할을 하게 될 것입니다.

300억 년에 1초 오차, 원자시계

인류는 아주 오래전부터 시간을 정확히 측정하려는 노력을 이어 왔습니다. 처음에는 해와 달의 움직임을 관찰하며 계절의 변화와 하루의 흐름을 파악했고, 이후에는 모래시계나 물시계, 기계식 시계 같은 도구를 통해 보다 정밀한 시간 측정을 시도했지요. 하지만 이런 방법들에는 공통적으로 일정한 오차가 존재했습니다. 모래시계나 물시계를 사용하던 시절에는 분 단위의 시간에 대한 개념조차 없었겠지요.

그런데 오늘날 국제육상경기연맹 IAAF에서 공식적으로 사용하는 100미터 달리기 경기의 기록은 0.001초, 즉 1밀리초 ms 단위까지 측정됩니다. 이 정도의 정밀도라면 모래시계나 기존 시계로는 도저히 측정할 수 없겠지요. 그렇다면 현대 문명은 어떻게 이렇게나 정밀하게 시간을 측정할 수 있게 된 걸까요? 그 비밀은 바로 양자 역학과 깊은 관련이 있는 '원자시계'에 담겨 있습니다.

정확한 진동이 정확한 시간을 만든다

우리가 일상에서 자주 사용하는 시계는 과연 어떻게 시간을 재는 걸까요? 대부분의 시계는 일정한 주기로 반복되는 현상을 이용해 시간을 측정합니다. 예를 들면, 지구가 태양을 한 바퀴 도는 데 걸리는 시간, 달이 지구를 도는 시간 혹은 일정량의 모래가 떨어지는 데 걸리는 시간처럼 말이지요.

예전에는 왔다 갔다 진동하는 시계추를 이용한 시계가 널리 사용되었는데, 이 경우는 시계추가 진동하는 데 걸리는 시간을 기준으로 삼아 시간을 측정했습니다. 다시 말해, 시곗바늘이 움직이고 숫자가 바뀌는 이유는 시계 내부에서 일정한 진동이 일어나고 있기 때문입니다.

그런데 만약 이 진동이 조금이라도 들쭉날쭉해진다면, 시계는 시간이 지날수록 점점 부정확해지겠지요? 그래서 인류는 언제나 더 정확하고 안정적인 진동을 찾기 위해 노력해 왔습니다. 그러던 중, 양자 역학의 도움을 받아 '원자 에너지의 양자화'라는 놀라운 현상을 발견하게 되었고, 이 원리를 활용해 놀라울 만큼 정확한 시계, 즉 원자시계를 만들 수 있게 되었답니다.

앞서 간단히 살펴본 바와 같이, 양자 역학에서는 원자의 에너지가 '양자화'되어 있다고 설명합니다. 여기서 '양자화 quantization'란, 에너지가 연속적으로 아무 값이나 가질 수 있는 것이 아니라 특정한 몇 가지 정해진 값만 가질 수 있다는 뜻입니다.

마치 엘리베이터를 타고 올라갈 때, 우리가 1층, 2층, 3층 같은 정해진 층에서만 내릴 수 있고 그 사이에서는 멈출 수 없는 것처럼, 원자의 에너지도 특정 '층수'에 해당하는 값들 사이에서만 변화할 수 있는 것이지요. 이렇게 '띄엄띄엄'한 에너지 상태를 가진 원자가 외부에서 빛을 받으면, 그 빛이 가진 에너지(빛의 진동수에 플랑크 상수를 곱한 값)가 두 에너지 상태 사이의 차이와 정확히 일치할 때만 흡수가 일어납니다.

반대로, 원자가 높은 에너지 상태에서 낮은 에너지 상태로 내려올 때도, 바로 그 에너지 차이에 해당하는 진동수의 빛만 방출됩니다. 예를 들어, 어떤 원자의 두 상태의 에너지 차이가 1GHz(1초에 10억 번 진동하는) 진동수의 빛과 딱 맞아떨어진다면, 그 원자는 오직 이 진동수의 빛만 흡수하거나 방출할 수 있습니다. 아무리 강한 빛이라도 진동수가 맞지 않으면 에너지 상태를 바꿀 수 없는 것이지요.

이러한 빛과 원자 사이의 정밀한 상호작용을 활용하면, 아주 정확하게 시간을 측정할 수 있습니다. 왜냐하면 특정 원자의 에너지 상태 차이에 해당하는 빛의 진동수는 우주 어디에서나, 언제나 똑같기 때문이지요. 이 진동수를 기준으로 삼으면 거의 완벽한 시계를 만들 수 있게 됩니다. 이 시계가 바로 원자시계입니다.

실제로 인류는 1967년부터 세슘$_{Cs}$ 원자가 방출하는 빛의 진동수를 기준으로 '초$_{second}$'를 정의하고 있습니다. 세슘 원자는 1초 동안 정확히 91억 9,263만 1,770번 진동하는 빛을 내보내는데, 이 진동수를 기준으로 현재 전 세계 모든 표준 시간이 결정되고 있답니다.

세슘 원자시계의 오차는 무려 10^{-16}, 즉 시간을 잴 때 소수점 아래 16자리까지 정확하게 잴 수 있습니다. 정말 놀라운 정밀도이지요. 하지만 현대 문명은 점점 더 정밀한 시간을 요구하게 되었고, 과학자들은 세슘 원자시계보다 더 정확한 시계를 만들기 위해 새로운 방법을 찾아 나섰습니다. 시간을 더 세밀하게 측정하려면, 더 촘촘하게 시간을 나눌 수 있어야 합니다.

예를 들어, 시계추가 1초에 한 번 진동하는 시계보다 1초에 10번, 100번 진동하는 시계가 훨씬 더 정확하겠지요? 빛의 진동수를 활용해 시간을 측정할 때도 마찬가지입니다. 진동수가 높은 빛일수록 1초 동안 더 많은 횟수로 출렁이기 때문에 더 촘촘하고 정밀하게 시간을 쪼갤 수 있는 것입니다.

우주의 역사를 1초의 오차도 없이

이 원리를 바탕으로 최근에는 광학 원자시계 Optical Atomic Clock 가 개발되어, 기존의 세슘 원자시계보다 훨씬 더 놀라운 정밀도를 달성하게 되었습니다. 이 시계는 가시광선 영역의 빛을 기준으로 사용하며, 이 빛은 초당 수백조 번 이상 진동하기 때문에 이론적으로는 우주가 탄생한 이후 지금까지 단 1초의 오차도 없이 시간을 측정할 수 있을 정도입니다! 정말 놀랍지요?

그 작동 원리를 간단히 살펴보면 이렇습니다. 먼저 특정 원자를 레이저로 냉각하여 섭씨 -273도에 가까운 극저온 상태로 만들고, 이를 광격자 Optical Lattice 라는 '빛으로 만든 계란판 모양의 격자에 가둡니다. 이렇게 초저온 상태가 되면 원자의 움직임이 거의 멈춘 상태가 되기 때문에 원자의 고유 진동수를 매우 정밀하게 측정할 수 있게 됩니다.

광학 원자시계 내부.
(출처: The Ye group and Brad Baxley, JILA. 2017)

이러한 광학 원자시계에는 스트론튬Sr이나 이터븀Yb 같은 원자들이 사용되며, 그 정밀도는 상상을 초월합니다. 예를 들어, 2019년 미국 콜로라도에 위치한 미국 표준기술연구소NIST에서 개발한 이터븀 광격자 원자시계는 무려 약 300~3,000억 년에 1초의 오차만 발생하는 놀라운 정확도를 보여주었습니다.[4][5] 현대 과학이 추정하는 우주의 나이가 약 138억 년이라는 점을 생각해 보면, 이 시계가 얼마나 정밀한지 실감이 나시지요?

게다가 이렇게 정밀한 시계를 통해, 알베르트 아인슈타인의 상대성 이론이 예측한 '중력에 따라 시간의 흐름이 달라진다'는 현상도 실험적으로 정밀하게 검증할 수 있었습니다. 앞으로는 이런 시계를 활용해 지구 내부의 중력 변화를 감지하고, 화산이나 지진 활동을 예측하는 지구 과학 연구에도 큰 도움이 될 것으로 기대하고 있습니다. 또한, 이처럼 정확한 원자시계는 단순히 시간을 재는 용도에 그치지 않고, 현대 과학 기술의 핵심 기반이 되기도 합니다. 우리 일상의 곳곳에 스며들어 있지요. 대표적인 예로 GPS 시스템이 있습니다.

양자가 안내하는 길, GPS의 비밀

스마트폰 내비게이션, 자동차의 길 안내 시스템, 해외여행 중에 현재 위치를 확인할 때 사용하는 GPS Global Positioning System 는 이제 우리 일상에서 없어서는 안 될 기술이 되었습니다. GPS가 없던 시절을 떠올려 보면, 집집마다 전국 지도책 한 권쯤은 꼭 갖고 있었고, 해외여행을 갈 때는 현지 지도를 따로 구입해 가고 싶은 장소들을 미리 표시해 두는 것이 당연했지요. 요즘은 어떨까요? 여행을 가면서 지도를 따로 챙기는 사람은 아마 거의 없을 것입니다. GPS 덕분에 우리는 길을 잃지 않고도 목적지를 정확히 찾아갈 수 있고, 응급 구조 활동, 물류 배송, 항공기 운항까지도 한층 더 안전하고 효율적으로 이루어질 수 있게 되었습니다.

앞서 잠깐 이야기했지만 이렇게 정확한 GPS 시스템의 작동 원리 속에도 양자 역학이 깊이 숨어 있습니다. 그렇다면 GPS는 어떻게 작동하며, 양자 역학과는 어떤 관련이 있을까요?

GPS의 3가지 구성 요소

GPS는 기본적으로 3가지 주요 요소로 구성되어 있습니다. 첫 번째는 우주 공간을 도는 GPS 위성들, 두 번째는 지상에서 위치를 파악하는 사용자 수신기, 예를 들면 스마트폰이나 자동차 내비게이션 같은 장치들이고, 세 번째는 이 모든 시스템을 관리하고 신호를 송수신하는 지상의 제어국입니다.

이 가운데 가장 핵심적인 역할을 하는 것은 역시 GPS 위성입니다. GPS 위성은 지구에서 약 20,200킬로미터 상공의 궤도를 따라 하루에 두 바퀴씩 지구를 돌고 있습니다. 위성 하나의 크기는 대략 소형 자동차만 한 수준(약 2~3미터)이고, 무게는 약 1,000킬로그램 내외입니다. 현재는 총 24기 이상의 위성들이 지구 전역을 촘촘하게 덮으며 운용되고 있는데요, 하나의 위성이 지구 전체를 동시에 커버할 수 없기 때문에 여러 위성들이 서로 중첩된 영역을 커버하도록 배치되어 있어 전 지구 어디서든 위치 정보를 받아볼 수 있습니다.

이 GPS 위성에는 거리 측정의 핵심 도구인 원자시계와 전파 송신기가 탑재되어 있습니다. 그 외에도 위성이 원활하게 작동하기 위해 필요한 다양한 장비들이 함께 실려 있는데요, 예를 들어, 태양전지판과 배터리는 전력을 공급하고, 추진 장치와 자세 제어 장치는 위성이 정확한 궤도와 방향을 유지하도록 도와줍니다. 지상과의 통신 장치도 물론 필수적이지요. GPS 위성의 일반적인 수명은 10~15년 정도이며, 이 기간이 지나면 새로운 위성으로 교체하거나 보완하는 방식으로 시스템을 유지하고 있습니다.

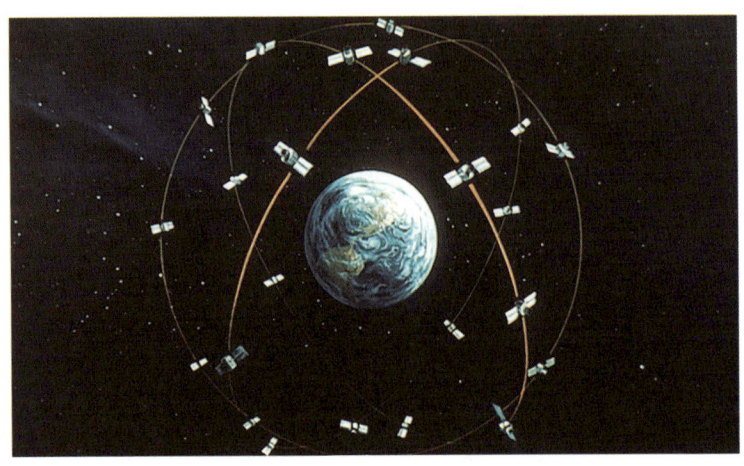

GPS 위성.
미국이 운영하고 있는 GPS 위성은 현재 약 31개가 지구를 돌고 있다.
다른 나라에서 운영하고 있는 위성항법시스템까지 합치면 약 118개의 위성이 떠다니고 있다.
(출처: American Forces Information Service, 1991)

GPS의 원리

GPS가 작동하는 원리는 의외로 간단합니다. 위성과 수신기(예를 들어, 여러분의 스마트폰) 사이의 거리를 아주 정확하게 측정해서 수신기의 위치를 파악하는 것이지요. 좀 더 구체적으로 설명해 보면, 각 GPS 위성에는 매우 정밀한 원자시계가 탑재되어 있습니다. 이 위성은 자신이 가지고 있는 정확한 시간을 담은 신호를 전파로 지구에 끊임없이 송신합니다. 쉽게 말해, 위성은 늘 "지금 시간이 몇 시입니다!"라고 방송하는 셈입니다.

사용자의 스마트폰과 같은 수신기는 이 신호를 받아서, 신호에 포함된 전송 시간과 수신기가 실제로 받은 시간을 비교합니다. 이 비교를 통해 신호가 위성에서 출발해 수신기까지 도달하는 데 걸린 시간을 계산할 수 있게 됩니다. 그리고 우리는 빛의 속도(약 30만 km/s)를 정확히 알고 있으므로, '도달 시간×빛의 속도=위성과의 거리'라는 계산을 통해 위성과 수신기 사이의 거리를 구할 수 있게 되는 것이지요.

이제 이렇게 얻은 거리 정보를 활용해 위치를 알아내기 위해 GPS는 '삼각측량'이라는 기법을 사용합니다. 이 방식으로 수신기의 정확한 위치를 결정하려면 최소 4개 이상의 GPS 위성이 필요합니다. 먼저, 첫 번째 위성과의 거리를 계산하면 수신기의 위치는 그 위성을 중심으로 한 반지름 R의 구球 위 어딘가가 됩니다. 다음으로 두 번째 위성과의 거리까지 측정하면, 두 번째 위성을 중심으로 한 또 다른 구가 만들어지고, 이제 내 위치는 두 구가 겹치는 원 위의 어딘가로 좁혀집니다. 여기에 세 번째 위성과의 거리까지 계산하면, 세 번째 구와 기존의 원이 만나는 두 점 중 하나로 후보가 좁혀지지요. 마지막으로 네 번째 위성에서 보내온 신호까지 분석하면, 이 두 후보 중 정확히 하나의 점만 남게 됩니다. 이 지점이 바로 지금 내가 있는 위치인 것이지요. GPS는 이와 같은 정밀한 과정을 거쳐 수신기의 정확한 위치를 실시간으로 계산해냅니다.

정확한 시계가 정확한 위치를 알린다

GPS 시스템에서 가장 핵심적인 요소는 바로 '시간'입니다. 왜냐하면

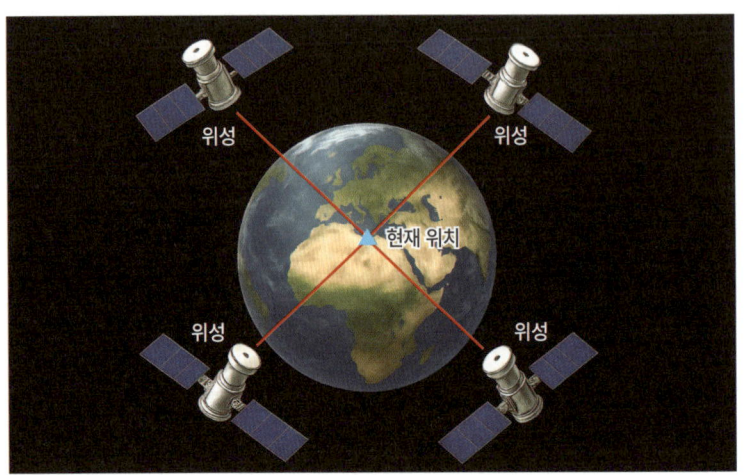

GPS의 원리.
4대의 위성과 나의 거리를 측정하여 지구상에서의 내 위치를 파악한다.

GPS는 위성에서 보내는 신호가 도달하는 데 걸린 시간을 기준으로 수신기와의 거리를 계산하는데, 이때 사용하는 전파의 속도는 빛의 속도만큼 빠르기 때문입니다. 전파가 워낙 빠르다 보니, 시간을 아주 정밀하게 측정하지 않으면 위치 계산에 큰 오차가 생기게 되지요. 실제로 시간 측정에 10억 분의 1초(1나노초)만 어긋나도, 위치 정보는 몇십 센티미터에서 심지어 몇 미터까지도 차이가 날 수 있습니다.

그래서 GPS 위성에는 이 세상에서 가장 정확하게 시간을 측정할 수 있는 '원자시계'가 탑재되어 있습니다. 이 원자시계는 앞서 설명한 양자 역학적 원리를 기반으로 작동하지요. 예를 들어, GPS 위성에 들어 있는 세슘 원자시계는 1초를 수십억 분의 1초 이하의 오차로 측정할 수 있습니다. 이렇게나 정밀하기 때문에, GPS는 우리가 있는 위치를 아주 정확하게 알아낼 수 있는 것이지요.

그런데 GPS가 작동하려면 양자 역학뿐 아니라 알베르트 아인슈타인의 '일반 상대성 이론'도 함께 고려되어야 합니다. 왜냐하면 GPS 위성은 지구에서 상당히 멀리 떨어진 우주 공간을 빠른 속도로 돌고 있기 때문입니다. 일반 상대성 이론에 따르면 중력이 약한 곳, 즉 높은 고도에서는 시간이 더 빠르게 흐르고, 특수 상대성 이론에 따르면 빠르게 움직이는 물체에서는 시간이 더 느리게 흐릅니다.

GPS 위성은 지상보다 훨씬 높은 고도에서 움직이고 있어서, 중력이 약한 만큼 일반 상대성 이론의 효과로 하루에 약 45마이크로초(100만 분의 1초 단위) 정도 더 빠르게 흐릅니다. 동시에 위성이 아주 빠르게 지구 주위를 돌고 있기 때문에 특수 상대성 이론에 따라 하루에 약 7마이크로초 더 느리게 흐르지요. 이 시간 차이는 아주 작아 보일 수 있지만, 이를 보정하지 않고 하루만 지나도 위치 정보에 최대 10킬로미터 이상의 오차가 생길 수 있습니다. 엄청난 차이이지요.

그래서 GPS 위성에 탑재된 원자시계는 이런 상대성 이론의 효과를 미리 고려해 '약간 느리게' 작동하도록 설계되어 있습니다. 다시 말해, 일반 상대성 이론과 특수 상대성 이론에서 예측되는 시간 차이를 미리 계산해 보정한 후, 그에 맞춰 정확한 시간을 보내도록 조정해 둔 것이지요. GPS가 우리가 생각하는 만큼 정확하게 작동하기 위해서는 이렇게 양자 역학과 상대성 이론, 2가지 물리학 이론이 함께 적용되어야만 합니다.

이처럼 GPS는 현대 과학의 깊이 있는 이론들이 정밀한 기술로 연결된 대표적인 사례라고 할 수 있습니다. 우리가 매일 사용하는 GPS는 사실 양자 역학적 현상 위에 세워진 시스템이며, 그 핵심에는 원자시계의 극도로 정밀한 시간 측정과 상대성 이론에 기반한 시간 보정이 함께 작동하고 있습니다. 이러한 첨단 과학 기술 덕분에 우리는 이제 지도나 나침반 없이 스마트폰 하나만으로 세계 어디서든 정확한 위치를 확인할 수 있습니다. GPS는 양자 역학과 현대 물리학이 더 이상 먼 이야기만이 아니라, 우리의 일상에 얼마나 깊이 들어와 있는지를 보여주는 훌륭한 예라고 할 수 있습니다.

이토록 경이로운 양자의 세계

지금까지 우리는 양자 물리학이 얼마나 깊이 우리의 일상에 스며들어 있는지를 살펴보았습니다. 스마트폰에서 길을 찾을 때 사용하는 GPS부터, 인터넷의 기초가 되는 광섬유 통신, 병원에서 사용하는 MRI 장비, LED, 심지어 휴대전화 시계에 이르기까지 양자 물리학은 이제 더 이상 실험실 속의 이론이 아닌, 우리 삶의 기반이 되었습니다.

눈에 보이지 않고 손에 잡히지 않지만 양자의 세계는 분명히 존재하며, 그 정밀한 원리들이 오늘날 우리가 누리는 편리함과 연결되어 있다는 사실은 경이롭기까지 합니다. 과학자들이 오랜 시간 탐구한 이 작은 세계가 우리의 삶을 이렇게 크게 바꾸어 놓을 줄은 아무도 예측하지 못했겠지요.

    양자 물리학은 우리가 보지 못하는 세계를 통해 우리가 사는 세계를 더 정확하게 이해할 수 있도록 해 줍니다. 세상의 본질을 들여다보는 일은 곧, 우리 삶의 구조를 다시 바라보게 만드는 일입니다. 작고 낯선 세계를 이해하려는 그 노력 속에 인간의 끝없는 호기심과 가능성이 숨어 있습니다.

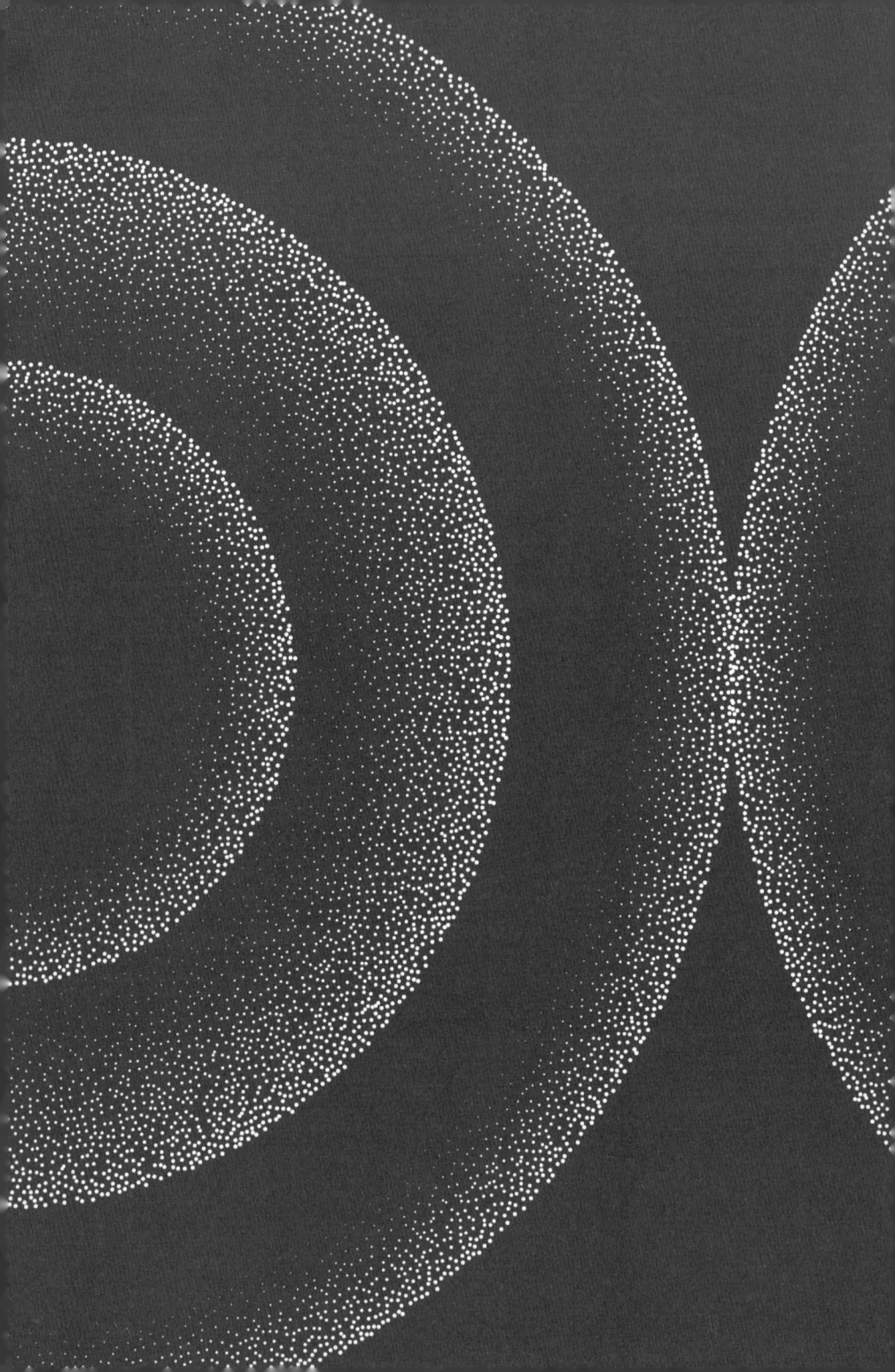

2부

양자 컴퓨터가 이끄는 미래

양자 컴퓨터에서 미래를 보는 이유

우리는 이미 일상에서 숨 쉬듯 사용하는 다양한 기술 속에 양자 역학이 적용되어 있다는 사실을 앞서 몇 가지 예를 통해 확인했습니다. 그렇다면 왜 요즘 들어 양자 과학 기술이 다시금 미래 산업의 핵심 주자로 떠오르고 있는 걸까요?

레이저나 GPS처럼 현재 널리 쓰이는 기술들은 양자 역학의 여러 성질 가운데 '에너지의 양자화', 다시 말해 '입자성'을 활용한 것들입니다. 이는 원자의 에너지가 연속이 아니라, 띄엄띄엄 존재한다는 사실을 이용한 것이지요. 반면, 요즘 주목받고 있는 양자 컴퓨터를 비롯한 양자 정보 과학 기술에서는 양자 역학의 또 다른 측면, 바로 '파동성'에 주목하고 있습니다. 모든 물질이 사실은 파동의 성질도 함께 가지고 있다는 점에 착안해 양자 중첩과 양자 얽힘 같은 현상을 본격적으로 활용하고 있는 것이지요.

하지만 빛을 제외한 대부분의 물질에서 이런 파동적인 특성은 관측하기도 까다롭고, 원하는 대로 제어하는 것은 더욱 어려운 일이었습니다. 다행히 지난 수십 년간 양자 역학에 대한 이해가 깊어지고, 동시에 레이저 기술, 전기 신호 장비, 진공 장비, 냉각기와 같은 실험 장비들이 눈부시게 발전하면서, 이제는 물질의 파동성을 실제로 활용할 수 있는 기술 개발이 가능해졌습니다.

이처럼 '양자 정보 과학 기술'이란, 양자 역학의 가장 대표적이고 신비로운 특성인 중첩과 얽힘을 이용해 지금까지 불가능했던 새로운 기술을 실현하려는 시도입니다. 예를 들어, 해킹이 불가능할 정도의 철통 보안 통신 체계를 구현하는 '양자 통신', 극도로 미세한 신호까지 정밀하게 측정하는 '양자 센싱' 그리고 고전 컴퓨터로는 엄두도 못 낼 계산을 순식간에 처리해 내는 '양자 컴퓨팅' 기술 등이 여기에 해당합니다.

이 가운데에서도 특히 대중의 관심이 집중되고, 여러 기관의 미래 산업 전망 보고서에서도 가장 큰 영향력을 가질 것이라고 예측되는 기술이 바로 '양자 컴퓨팅'입니다. 그렇다면 중첩과 얽힘을 활용했을 때 왜 양자 컴퓨터가 그렇게 강력한 성능을 발휘할 수 있는 걸까요?

양자 중첩을 통해 한 번에

양자 컴퓨터의 강점을 이해하기 위해, 우리가 일상에서 사용하는 디지털 컴퓨터와 비교해서 설명해 보겠습니다. 참고로 양자 컴퓨팅 분야에서는 지금의 디지털 컴퓨터를 '고전 컴퓨터'라고 부릅니다. 양자 역학이 아닌, 고전 역학에 기반하고 있기 때문이지요.

고전 컴퓨터에서 정보의 가장 기본 단위는 비트~bit~입니다. 비트는 0 또는 1, 단 2가지 상태 중 하나만 가질 수 있습니다. 예를 들어, 비트가 3개 있다고 해 볼까요? 이때 만들 수 있는 비트 조합은 000, 001, 010, 011, 100, 101, 110, 111의 총 8가지입니다. 수학적으로는 2^3=8, 즉 8개의 경우가 되지요.

이제 'A'라는 문제가 있고, 이 8가지 경우 중 하나가 정답이라고 가정해 보겠습니다. 그러면 고전 컴퓨터는 이 문제의 정답을 찾기 위해 각 경우의 비트 조합과 A의 차이를 계산해 봅니다. 예를 들어, 정답이 101이라면 A-101=0이 되는 조합을 찾는 식입니다. 따라서 A-000, A-001, A-010… 이렇게 모든 경우를 하나하나 계산해서, 결과가 0이 되는 조합이 있는지를 확인하는 방식이지요. 다시 말해, 비트가 3개일 때는 8번의 계산이 필요합니다. 그렇다면 양자 컴퓨터는 이 문제를 어떻게 풀까요?

양자 컴퓨터의 기본 단위는 큐비트~qubit~입니다. 큐비트는 고전 컴퓨터의 비트처럼 0 또는 1이 될 수 있을 뿐 아니라, '양자 중첩 상태'에 있을 수 있습니다. 이 중첩 상태란, 하나의 큐비트가 0이면서 동시에 1일 수도 있다는 의미입니다.

예를 들어, 3개의 큐비트가 모두 중첩 상태에 있다고 해 보겠습니다. 이 경우, 세 큐비트는 동시에 000이면서 001이고, 또 010이면서 011이고… 결국 8가지 모든 조합을 한꺼번에 포함하게 됩니다. 고전 컴퓨터가 8번의 계산을 해야 하는 문제를, 양자 컴퓨터는 이 중첩된 하나의 상태만 계산함으로써 8가지 모두를 한 번에 처리할 수 있는 셈이지요. 이것이 바로 양자 컴퓨터의 놀라운 병렬 계산 능력입니다. '병렬 처리의 극한'이라는 표현이 어울릴 정도입니다.

이를 간단히 정리해 보면, 3개의 큐비트가 모두 중첩된 상태를 'xxx'라고 표기한다고 할 때, 양자 컴퓨터는 A-xxx라는 하나의 계산을 수행합니다. 그리고 그 계산의 결과를 바탕으로 "A-xxx의 절댓값이 가장 작은 조합은 0/1, 0/1, 0/1 중 무엇인가?"라고 묻는 것이지요.

그런데 앞서 '중첩' 개념을 설명하면서, 측정에 대해 잠깐 이야기했었는데 기억하시나요? 0과 1이 동시에 존재하는 중첩 상태에서도 측정을 하면 결과는 0 아니면 1, 둘 중 하나가 '무작위로' 나온다고 말씀드렸습니다. 이를 바탕으로, 다음과 같은 의문이 든다면 여러분은 이 책을 잘 읽어온 것입니다.

"A-xxx의 값을 알아내는 계산 과정에서 우리가 결과를 알려면 측정이 필요한데, 측정했을 때 그 값이 랜덤하게 나온다면 어떻게 정답을 알 수 있는 거지?"

이런 의문은 매우 당연합니다. 중첩 상태를 한 번 측정하면 어떤 값이 나올지 예측할 수 없습니다. 하지만 이것을 여러 번 반복해서 측정하면, 각각의 결과가 나올 확률 분포를 얻을 수 있다고 했었지요. 양자 컴퓨터도 이 점을 활용합니다. 한 번의 측정으로는 원하는 정답을 얻을 수 없지만, 같은 계산을 반복해서 여러 번 수행함으로써 그 계산 결과들의 분포를 얻고, 이 분포 안에서 정답을 얻는 것이지요.

즉, 양자 컴퓨터는 분명 A-xxx라는 하나의 계산만을 수행합니다. 하지만 그것을 단 한 번만 하는 게 아니라, 여러 번 반복해서 합니다. 그리고 그 과정에서 얻어진 결과들의 통계를 통해 정답에 가까운 조합을 추론해 내는 것이지요. 확률 분포라는 것이 거의 언제나 그렇듯, 반복 횟수가 많아질수록 100%에 가까운 정확도를 확보할 수 있습니다.

예를 들어, A-xxx 계산을 10번 반복해서 꽤 괜찮은 확률 분포를 얻고, 그로부터 정답을 추론해 냈다고 해 봅시다. 그런데 이렇더라도 아직까지 고전 컴퓨터보다 더 낫다고는 말할 수 없습니다. 왜냐하면 고전 컴퓨터는 8번만 계산하면 되는 문제였는데, 양자 컴퓨터는 복잡한 중첩 상태를 만들고도 10번이나 계산을 반복해야 했으니 오히려 비효율적인 셈이지요. 하지만 큐비트의 수가 늘어날수록 이야기가 달라집니다. 예를 들어, 10개의 큐비트를 사용하는 경우를 생각해 볼까요?

고전 컴퓨터에서는 10개의 비트를 사용하면 0000000000, 0000000001, 0000000010…과 같이 2^{10}=1024개의 경우가 있습니다. 앞서 살펴본 예시와 같이 이 1,024개의 경우 중에서 B라는 문제의 답을 찾기 위해서는 B-0000000000, B-0000000001… 등 1,024개의 경우에 대해서 B와의 차이를 모두 계산하고 그 결과가 0인 혹은 절댓값이 최소인 경우를 찾아야 합니다. 즉, 1,024번 계산을 해야지만 답을 알 수가 있지요.

그런데 양자 컴퓨터는 10개의 큐비트를 준비해서 모두 중첩 상태로 만들 수 있습니다. 그렇게 하면 이 큐비트들은 1,024개의 경우를 동시에 포함하게 되고, 양자 컴퓨터는 그 전체를 한꺼번에 계산할 수 있게 됩니다. 즉, B-xxxxxxxxxx 이 하나의 계산만 수행하면 되는 셈이지요.

물론 앞서 말했듯이, 측정 결과는 랜덤하게 나오기 때문에 한 번만 계산해서는 정답을 알 수 없습니다. 예를 들어, 100번 정도 반복해서 계산하고 측정해야 확률 분포를 얻고, 정답에 가까운 값을 찾을 수 있다고 가정해 보겠습니다. 그럼 어떻게 될까요? 고전 컴퓨터는 1,024번 계산해야 했던 작업을, 양자 컴퓨터는 100번의 반복만으로 해결한 것입니다. 10개의 큐비트만 가지고도 이미 차이가 나타나기 시작합니다.

더 많은 큐비트를 사용할수록 이 차이는 기하급수적으로 커집니다. 큐비트가 100개, 1,000개, 10,000개로 늘어난다고 상상해 보세요. 양자 컴퓨터는 이론상 2^{100}, 2^{1000}, 2^{10000}와 같이 수많은 조합을 동시에 처리할 수 있게 되는 것이지요.

예를 들어, 300개의 큐비트를 가진 양자 컴퓨터는 2^{300}, 즉 대략 10^{90}의 경우를 동시에 계산할 수 있게 되는데, 이는 우주에 존재하는 모든 원자의 개수의 추정치인 10^{80}보다도 약 10억 배 더 큰 수입니다. 이처럼, 큐비트 수가 300개만 되어도 기존의 컴퓨터로는 꿈도 꿀 수 없을 정도로 많은 경우의 수에 대해서 동시에 탐색할 수 있는 것이지요. 여기서 알 수 있듯이, 양자 컴퓨터는 큐비트의 개수가 많으면 많을수록 더욱 강력한 연산 능력을 가질 수 있게 됩니다. 우리가 양자 컴퓨터의 성능을 비교할 때 꼭 큐비트의 개수를 살펴보는 것은 바로 이러한 이유 때문입니다.

자, 여기까지 보면 또 하나의 기술이 떠오르실 겁니다. 병렬 처리를 말할 때 자주 언급되는 기술, 바로 GPU입니다. 최근 생성형 AI 열풍으로 GPU에 대한 관심도 높아졌는데요, 그렇다면 양자 컴퓨터의 병렬성은 GPU의 병렬 처리와 무엇이 다를까요?

GPU 역시 고전 컴퓨터입니다. 다만, 일반적인 CPU가 1,024개의 경우를 차례로 하나씩 계산하는 반면, GPU는 1,024개의 셀을 동시에 동작시켜 1,024개의 경우를 병렬로 계산할 수 있습니다. 이를 조금 더 쉽게 설명하기 위해 비유를 들어 볼게요.

문제 B를 푸는 과정을, 서로 다른 모양의 돌기를 가진 공들을 파이프에 통과시키는 실험으로 생각해 봅시다. 각 공에는 10개의 돌기가 있고, 각각의 돌기는 세모 혹은 네모 모양일 수 있습니다. 따라서 총 1,024가지 모양의 공이 존재하게 되겠지요. 우리의 목표는, 이 파이프를 가장 잘 통과하는 공의 모양을 찾는 것입니다. 이때, CPU는 하나의 공을 준비해 돌기 모양을 바꿔가며 1,024번 파이프에 넣어보고, 어느 모양이 가장 잘 통과했는지를 확인합니다.

GPU는 1,024개의 공을 미리 준비해 다 다른 모양으로 만들어 놓고, 1,024개의 파이프에 동시에 넣어보는 방식입니다. CPU보다 훨씬 빠르게 계산할 수 있는 것이지요. 만약 공이 512개라면 512배, 128개라면 128배 더 빠른 계산이 가능할 겁니다. 이렇게 GPU의 계산은 선형적으로 속도가 향상됩니다. 공의 수가 늘어날수록 계산 속도도 그만큼 늘어나는 것이지요. 그렇다면 양자 컴퓨터는 어떤 방식일까요?

양자 컴퓨터에서는 아예 공의 10개 돌기 하나하나가 중첩 상태로 존재할 수 있습니다. 즉, 각각의 돌기가 세모이면서도 동시에 네모인 상태이지요. 이런 중첩된 돌기 10개로 이루어진 공 하나를 파이프에 넣으면, 그 공은 모든 조합을 동시에 시도해 보는 것과 같습니다. 그리고 파

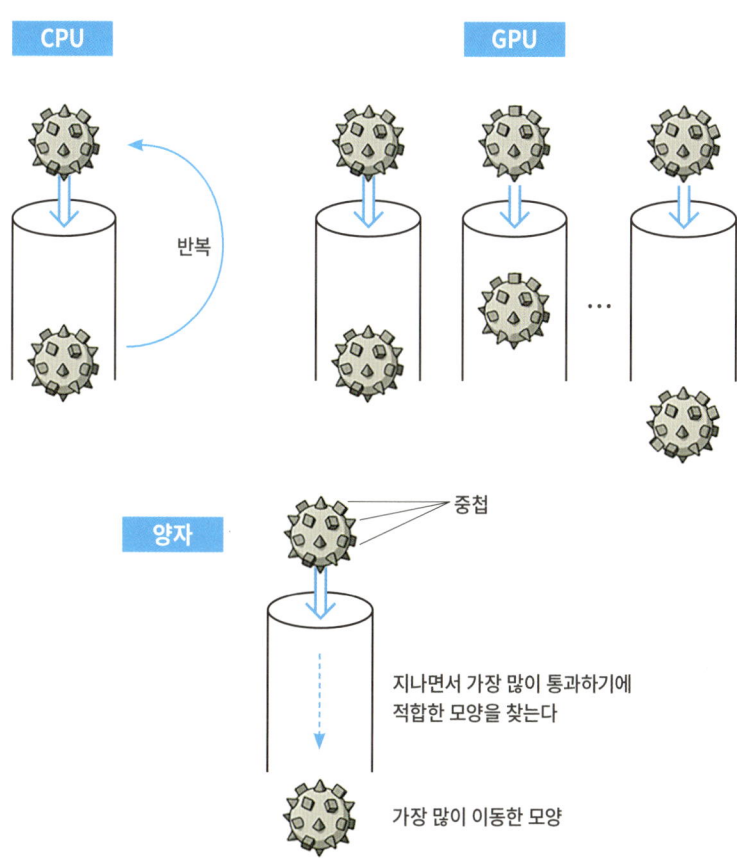

CPU, GPU 양자 컴퓨터의 계산 원리 비교.

이프를 통과하면서 가장 잘 통과한 모양으로 '수축'되어 나타납니다. 이 실험을 여러 번 반복하면, 가장 잘 통과하는 돌기 조합이 무엇인지 점점 더 분명해지게 됩니다. 즉, 양자 컴퓨터는 GPU처럼 셀 수 있는 만큼 공을 준비하는 방식이 아니라, 하나의 공으로 동시에 모든 경우를 실험하는 방식입니다. 선형적인 속도 향상이 아니라, 지수 함수적으로 계산 능력이 향상되는 것이지요. 바로 이것이 양자 컴퓨터가 가진 엄청난 가능성의 핵심입니다.

양자 얽힘을 통한 부스트 업

양자 컴퓨터의 또 하나의 무기는 바로 얽힘입니다. 얽힘은 2개 이상의 큐비트가 서로 강하게 연결되어, 하나의 큐비트에 가해진 연산이 다른 큐비트에도 즉각적인 영향을 미치는 현상입니다. 이는 큐비트들이 마치 각각 독립된 개체가 아니라, 하나의 유기적인 시스템처럼 작동한다는 뜻이지요. 그렇다면 이러한 양자 얽힘은 어떻게 양자 컴퓨터의 연산 능력을 향상시키는 데 기여할까요?

이것도 역시 고전 컴퓨터와 비교해 보면 이해가 쉬워집니다. 고전 컴퓨터에서 비트들은 완전히 독립적으로 작동합니다. 하나의 비트 값을 바꾸더라도 다른 비트에는 아무런 영향을 주지 않지요. 반면, 양자 컴퓨터에서는 큐비트들이 얽힘 상태에 있을 경우, 하나의 연산이 여러 큐비트에 동시에 영향을 주는 일이 가능합니다. 이로 인해 연산 속도가 획기적으로 향상될 수 있습니다.

예를 들어, 8개의 비트 또는 큐비트를 가진 경우를 상상해 보겠습니다. 먼저 고전 컴퓨터에서는 한 번의 조작으로 하나의 비트값만 바꿀 수 있습니다. 8개의 비트를 모두 0으로 초기화한 상태에서 모든 값을 1로 바꾸려면 비트 하나하나에 각각 신호를 보내야 하므로 총 8번의 연산이 필요합니다. 하지만 양자 컴퓨터에서는 이야기가 다릅니다. 만약 8개의 큐비트가 모두 얽혀 있어서 하나가 0이면 나머지도 모두 0, 하나가 1이면 나머지도 모두 1인 상태라면, 단 한 번의 연산만으로 8개의 큐비트 전체를 동시에 바꿀 수 있습니다.

이런 일이 가능한 이유는, 큐비트들이 공간적으로 떨어져 있어도 얽힘 상태에서는 정보를 비국소적으로 공유하기 때문입니다. 이처럼 얽힘은 연산을 단순히 빠르게 만드는 수준을 넘어서, 연산의 효율성을 비약적으로 끌어올리는 핵심적인 도구가 됩니다. 다른 예시로, 얽힘을 활용한 연산 중에서 CNOT 게이트Controlled NOT Gate에 대해 살펴보겠습니다.

이 연산은 입력값으로 2개의 큐비트를 넣으면 2개의 출력 큐비트가 나오는 연산입니다. 이때 입력 큐비트 중 하나를 컨트롤 큐비트control qubit, 다른 하나를 타깃 큐비트target qubit라고 하겠습니다. 이제 CNOT 게이트의 작동 원리를 살펴보겠습니다. CNOT 게이트는 컨트롤 큐비트가 0이면 타깃 큐비트를 그대로 두고, 컨트롤 큐비트가 1이면 타깃 큐비트 값을 바꾸는 연산입니다. 고전 컴퓨터의 XOR 게이트와 비슷한 역할을 하지요. 하지만 큰 차이점이 있습니다.

첫째, 중첩 상태를 다룰 수 있는가의 여부입니다. 고전 연산인 XOR 게이트는 중첩 상태를 입력값으로 사용할 수 없습니다. 반면, CNOT 게이트는 0과 1이 중첩된 상태를 입력으로 받아 연산을 수행할 수 있습니다.

둘째, 출력 정보의 양에서도 차이가 있습니다. 고전 연산은 2개의 입력을 넣으면 하나의 출력만을 생성합니다. 하지만 양자 연산은 2개의 입력에 대해 2개의 출력을 유지합니다. 즉, 고전 컴퓨터는 연산을 거듭 할수록 정보의 양이 줄어들게 되지만, 양자 컴퓨터는 컨트롤 큐비트의 값이 그대로 보존되기 때문에, 이 값을 다음 연산에 그대로 활용할 수 있는 것이지요.

그렇다면 CNOT 게이트 하나를 고전 연산으로 구현하려면 어떻게 해야 할까요? 예를 들어, 입력값을 그대로 복사하는 버퍼 게이트(Buffer Gate, 입력 신호를 그대로 출력하는 논리 회로) 하나와 XOR 게이트 하나를 조합해서 만들 수 있습니다. 혹은 더 기본적인 논리 연산만으로 구성하면 NOT 게이트 2개, AND 게이트 3개, OR 게이트 1개, 버퍼 게이트 1개가 필요합니다.

어렵게 보이지만 간단히 말해 하나의 양자 연산을 고전적으로 구현하려면 여러 단계의 논리 회로가 필요하다는 뜻입니다. 그런데 그렇게 복잡하게 구성한다 해도, 고전 연산으로는 중첩 상태를 다룰 수 없습니다. 결국, 얽힘과 중첩이라는 양자 역학의 특성을 함께 활용할 수 있다는 점에서 양자 컴퓨터는 고전 컴퓨터와는 본질적으로 다른 연산의 세계를 보여주고 있는 것입니다.

어떤 문제든 풀 수 있는 범용 양자 컴퓨터

양자 컴퓨팅이 주목받는 이유는, 앞서 살펴본 것처럼 기존의 고전 컴퓨터로는 풀기 어려운 문제들을 훨씬 더 효율적으로 해결할 수 있다는 가능성 때문입니다. 그래서 과학계는 물론 산업계에서도 큰 관심을 받고 있지요.

모든 양자 컴퓨터는 기본적으로 연산을 수행할 때 '양자 중첩'과 '양자 얽힘'이라는 양자 역학의 핵심 개념을 활용합니다. 하지만 이러한 원리를 실제로 구현하는 방식에는 여러 가지 이론적 접근이 존재합니다. 즉, 양자 컴퓨터를 만드는 길은 하나가 아니라는 뜻이지요.

대표적인 방식으로는 크게 3가지가 있습니다. 첫 번째는 우리가 일반적으로 떠올리는 방식인 회로 기반 양자 컴퓨팅 Circuit-Based Quantum Computing, 두 번째는 에너지 상태의 변화를 이용하는 단열 양자 컴퓨팅 Adiabatic Quantum Computing 그리고 마지막은 측정을 통해 계산을 진행하는

IBM에서 개발한 회로 기반 양자 컴퓨터.
초전도 큐비트를 이용했다.
(출처: OJB Quantum, 2024)

측정 기반 양자 컴퓨팅Measurement-Based Quantum Computing입니다. 이번에는 이 3가지 접근법이 각각 어떤 방식으로 동작하는지, 어떤 특징과 장단점을 가지고 있는지를 쉽게 풀어가며 하나씩 알아보겠습니다.

회로 기반 양자 컴퓨터

가장 먼저 살펴볼 방식은 회로 기반 양자 컴퓨팅입니다. 이 방식은 우리가 일반적으로 떠올리는 고전 컴퓨터의 작동 방식과 가장 닮아있습니다. 회로 기반 양자 컴퓨터에서는 정보를 '큐비트'라고 부르는 양자 비트로 표현합니다. 고전 컴퓨터의 비트가 0 또는 1 중 하나의 값만 가질 수 있는 것과 달리, 큐비트는 0과 1이 동시에 존재하는 '중첩 상태'를 가질 수 있지요. 디지털 양자 컴퓨팅의 핵심은 이러한 큐비트들을 정교하게 제어하고 조작하여 원하는 계산을 수행하는 데 있습니다.

이를 위해 사용하는 것이 바로 '양자 게이트'입니다. 양자 게이트는 고전 컴퓨터의 논리 게이트(AND, OR, NOT 등)처럼 큐비트의 상태를 변화시키는 연산 도구입니다. 예를 들어, 고전 컴퓨터에서 AND 게이트는 두 입력이 모두 1일 때만 출력이 1이 되는 간단한 논리를 따릅니다. 이처럼 입력값에 따라 명확한 출력값을 내놓는 것이 고전 게이트의 특징이지요.

반면, 양자 게이트는 훨씬 더 다채로운 상태 변화가 가능합니다. 단순히 0과 1을 넘나드는 것이 아니라, 중첩 상태나 얽힘 상태와 같이 양자 역학적인 특수 상태로 큐비트를 바꿀 수 있습니다. 대표적인 양자 게이트로는 파울리 게이트 Pauli Gate, 하다마르 게이트 Hadamard Gate, CNOT 게이트 Controlled NOT Gate 등이 있습니다.

이 가운데 CNOT 게이트는 2개의 큐비트(하나는 컨트롤 큐비트, 다른 하나는 타깃 큐비트)를 입력으로 사용합니다. 컨트롤 큐비트가 1일 경우, 타깃 큐비트의 상태는 반전됩니다(0은 1로, 1은 0으로). 반대로 컨트롤 큐비트가 0이면 타깃 큐비트는 그대로 유지되지요. CNOT 게이트는 특히 양자 얽힘 entanglement 상태를 만드는 데 중요한 역할을 합니다. 예

Operator	Gate(s)		Matrix
Pauli-X (X)	—X—	—⊕—	$\begin{bmatrix} 0 & 1 \\ 1 & 0 \end{bmatrix}$
Pauli-Y (Y)	—Y—		$\begin{bmatrix} 0 & -i \\ i & 0 \end{bmatrix}$
Pauli-Z (Z)	—Z—		$\begin{bmatrix} 1 & 0 \\ 0 & -1 \end{bmatrix}$
Hadamard (H)	—H—		$\frac{1}{\sqrt{2}}\begin{bmatrix} 1 & 1 \\ 1 & -1 \end{bmatrix}$
Phase (S, P)	—S—		$\begin{bmatrix} 1 & 0 \\ 0 & i \end{bmatrix}$
$\pi/8$ (T)	—T—		$\begin{bmatrix} 1 & 0 \\ 0 & e^{i\pi/4} \end{bmatrix}$
Controlled Not (CNOT, CX)			$\begin{bmatrix} 1 & 0 & 0 & 0 \\ 0 & 1 & 0 & 0 \\ 0 & 0 & 0 & 1 \\ 0 & 0 & 1 & 0 \end{bmatrix}$
Controlled Z (CZ)	—Z—		$\begin{bmatrix} 1 & 0 & 0 & 0 \\ 0 & 1 & 0 & 0 \\ 0 & 0 & 1 & 0 \\ 0 & 0 & 0 & -1 \end{bmatrix}$
SWAP			$\begin{bmatrix} 1 & 0 & 0 & 0 \\ 0 & 0 & 1 & 0 \\ 0 & 1 & 0 & 0 \\ 0 & 0 & 0 & 1 \end{bmatrix}$
Toffoli (CCNOT, CCX, TOFF)			$\begin{bmatrix} 1 & 0 & 0 & 0 & 0 & 0 & 0 & 0 \\ 0 & 1 & 0 & 0 & 0 & 0 & 0 & 0 \\ 0 & 0 & 1 & 0 & 0 & 0 & 0 & 0 \\ 0 & 0 & 0 & 1 & 0 & 0 & 0 & 0 \\ 0 & 0 & 0 & 0 & 1 & 0 & 0 & 0 \\ 0 & 0 & 0 & 0 & 0 & 1 & 0 & 0 \\ 0 & 0 & 0 & 0 & 0 & 0 & 0 & 1 \\ 0 & 0 & 0 & 0 & 0 & 0 & 1 & 0 \end{bmatrix}$

양자 회로에서 자주 사용되는 기본 및 제어 게이트들의 표준 기호.
(출처: Rxtreme, 2019)

를 들어, 컨트롤 큐비트가 0과 1의 중첩 상태에 있을 때, 0 상태의 타깃 큐비트에 CNOT 게이트를 적용하면 출력은 00+11 상태가 됩니다. 이 두 큐비트는 이제 하나의 양자 상태로 얽히게 되는 것이지요.

회로 기반 방식의 강점

회로 기반 양자 컴퓨터의 가장 큰 장점은 범용성을 확보하기 용이하다는 점입니다. 다시 말해, 이 방식은 다양한 종류의 문제를 단순한 몇 개의 게이트의 조합으로 해결할 수 있습니다. 이 범용성을 가능하게 해 주는 개념이 바로 유니버설 셋 게이트 Universal Set Gate 입니다. 유니버설 셋 게이트란, 아주 기본적인 몇 가지 양자 게이트만으로도 모든 양자 연산을 구현할 수 있다는 뜻입니다. 고전 컴퓨터에서 AND, OR, NOT 게이트만 있으면 복잡한 계산도 수행할 수 있는 것처럼, 양자 컴퓨터에서도 하다마르, CNOT, T 게이트 등 소수의 게이트만 조합해도 어떤 양자 알고리즘이든 구현할 수 있습니다.

이러한 유니버설 셋을 활용하면, 하드웨어를 바꾸지 않고도 게이트의 조합과 순서만 바꾸어 전혀 다른 문제를 해결할 수 있습니다. 마치 우리가 하나의 컴퓨터에 다양한 프로그램을 설치해 쓰는 것처럼요. 이 점은 회로 기반 양자 컴퓨터가 '범용 컴퓨터'로서 기능할 수 있는 가장 큰 이유이자, 핵심적인 강점입니다.

회로 기반 방식의 한계

하지만 이 방식에도 뚜렷한 한계와 도전 과제가 존재합니다. 가장 큰 문제는 큐비트의 불안정성입니다. 큐비트는 외부 환경(온도, 소리, 전자기파 등)에 극도로 민감하여, 계산 도

중 쉽게 상태가 흐트러질 수 있습니다. 이런 현상을 결어긋남decoherence이라고 부르며, 이 때문에 대부분의 양자 컴퓨터는 극저온에서 작동해야 합니다. 당연히 유지 비용도 매우 높습니다.

또한, 큐비트를 제어하는 과정에서도 오류가 발생할 수 있습니다. 큐비트를 조작하는 게이트에 오류가 생기면 계산 결과도 신뢰할 수 없게 되지요. 특히, 실용적인 문제를 해결하려면 수천 개의 큐비트에 수백~수만 번의 게이트 연산을 반복해야 하는데, 이 과정에서 발생하는 오류가 누적되면 전체 결과가 무의미해질 수 있습니다.

더욱이 양자 컴퓨터에서의 오류 보정은 매우 어렵고 복잡합니다. 고전 컴퓨터는 오류가 발생해도 비교적 쉽게 고칠 수 있지만, 양자 컴퓨터는 그렇지 않습니다. 오류를 보정하려면 추가적인 큐비트와 정교한 알고리즘이 필요하며, 이로 인해 시스템의 구조는 더욱 복잡해지고, 실제로 연산에 사용할 수 있는 큐비트 수는 줄어들게 됩니다. 이처럼 회로 기반 양자 컴퓨팅은 범용성과 이론적 완성도 면에서 매우 뛰어난 방식이지만, 기술적으로 해결해야 할 과제도 많습니다.

단열 양자 컴퓨터

두 번째로 소개할 방식은 단열 양자 컴퓨팅Adiabatic Quantum Computing입니다. 이 방식은 우리가 이미 정답을 알고 있는 쉬운 시스템에서 시작해, 시스템을 서서히 변화시켜 궁극적으로 우리가 풀고자 하는 복잡한 문제의 해를 찾아가는 방식입니다. 시스템의 조건을 천천히 바꾸어 가는 이 과정은 양자 역학의 단열 정리Adiabatic Theorem에 기반하고 있지요.

단열 정리에 따르면, 어떤 양자 시스템이 외부와 열을 주고받지 않고(이를 '단열적'이라고 표현합니다) 천천히 변화할 경우, 그 시스템이 처음에 바닥 상태(가장 낮은 에너지 상태)에 있었다면 변화가 진행되는 동안에도 계속해서 새로운 시스템의 바닥 상태를 따라가게 됩니다.

쉽게 말해, 전기장이나 자기장 같은 외부 조건을 아주 천천히 변화시키면, 시스템은 갑자기 튀지 않고 부드럽게 새로운 상태로 옮겨간다는 이야기입니다. 핵심은 바로 '충분히 느린 변화'입니다. 이 개념은 얼음을 만드는 과정에 비유할 수도 있습니다. 물을 서서히 얼리면 기포가 없는 투명한 얼음이 만들어지지만, 갑자기 온도를 낮춰 급하게 얼리면 기포가 생긴 불투명한 얼음이 생깁니다. 마찬가지로, 양자 시스템을 너무 빠르게 변화시키면 불안정한 상태에 빠질 수 있지만, 천천히 조심스럽게 바꾸면 시스템은 원래의 특성을 유지한 채 새로운 상태로 자연스럽게 전이됩니다.

단열 양자 컴퓨터는 이 원리를 이용해 복잡한 문제의 답을 찾아냅니다. 시작은 간단한 답을 가진 시스템이고, 이 시스템의 조건을 조절해 가며 점차 우리가 원하는 복잡한 문제로 '변형'시켜 가는 방식인 것이지요.

단열 양자 방식의 강점

단열 양자 컴퓨팅의 가장 큰 강점은 오류에 강하다는 점입니다. 앞서 살펴본 회로 기반 양자 컴퓨터를 구성하는 큐비트는 매우 민감해서 작은 방해noise나 외부 자극에도 결과가 쉽게 흔들릴 수 있습니다. 따라서 하나하나 불안정한 큐비트를 수천 개 이상 모아서 만든 회로 기반 양자 컴퓨터는 양자 오류에 매우 취약합니다. 반면, 단열 양자 컴퓨터는 전체 시스템을 천천히 변화시키기 때문에 외부 환경의 작은 노이즈에 상대적으로 덜 민감합니다.

이런 특성은 마치 차를 천천히 운전하면 사고 위험이 줄어드는 것과 비슷합니다. 게다가 단열 방식은 회로 기반처럼 수많은 정밀한 게이트 연산을 반복하지 않아도 되므로 작은 오류가 누적되어 전체 결과를 망치는 일도 줄일 수 있습니다. 또한, 단열 양자 컴퓨팅은 특히 '최적화 문제'에 매우 효과적입니다. 예를 들어, 여러 경로 중 가장 빠른 길을 찾는 문제나 여러 조건을 만족하는 최적의 조합을 찾는 문제 같은 것들 말이지요. 이런 문제들은 물류, 금융, 인공지능 분야에서 자주 등장하며, 단열 양자 컴퓨터는 이런 실용적인 문제를 자연스럽게 풀어낼 수 있습니다. 복잡한 알고리즘을 따로 설계하지 않아도, 시스템 자체가 문제를 해결하도록 유도할 수 있기 때문입니다.

무엇보다, 실험적으로 구현이 비교적 쉽다는 점이 큰 장점입니다. 회로 기반 컴퓨터처럼 정밀한 양자 게이트를 조작할 필요가 없기 때문에 현재의 기술로도 실현 가능한 수준에 있습니다. 이는 양자 컴퓨터의 상용화를 앞당기는 데 중요한 역할을 할 수 있습니다.

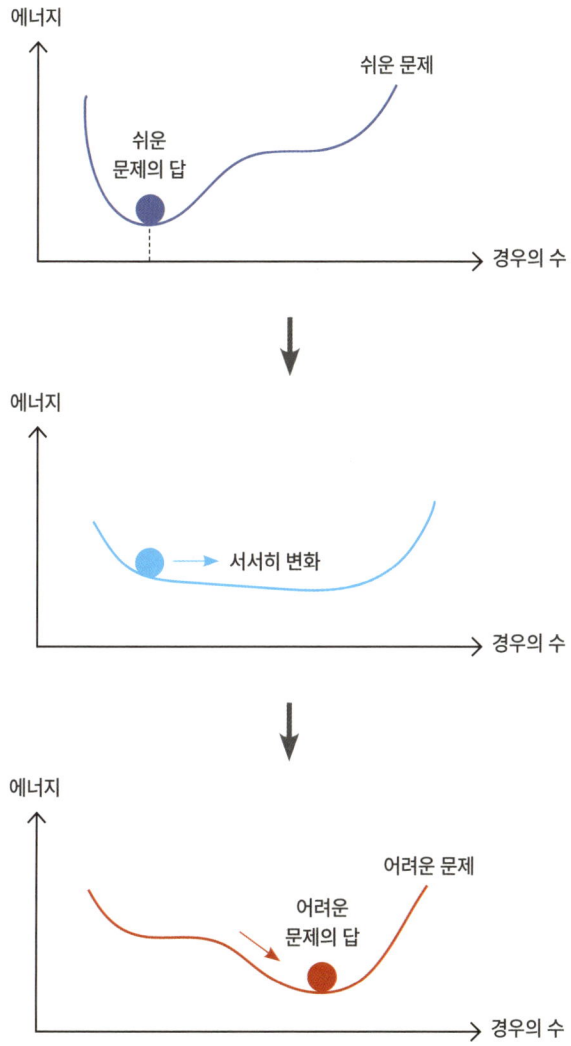

단열 양자 컴퓨팅의 원리: 시스템을 천천히 변화시켜 쉬운 문제에서 어려운 문제로 이동한다.

단열 양자 방식의 한계

물론 단열 양자 컴퓨팅에도 한계는 있습니다. 이론적으로는 어떤 문제든 풀 수 있다고 알려져 있지만, 실제로 문제에 맞는 해밀토니안 Hamiltonian, 즉 시스템의 에너지를 결정짓는 식을 설계하는 일은 쉽지 않습니다. 우리가 해결하려는 문제에 딱 들어맞는 해밀토니안을 만들어 내는 것이 관건이기 때문입니다. 또한, 단열적으로 시스템을 변화시켜야 하다 보니 시간이 오래 걸릴 수 있다는 단점도 있습니다. 시스템의 변화를 충분히 천천히 진행해야 하기 때문에 계산 속도가 느릴 수밖에 없지요. 빠른 결과가 요구되는 상황에서는 다소 불리하겠지요?

이처럼 단열 양자 컴퓨팅은 정확성, 안정성, 구현 용이성에서 강점을 가지지만, 속도나 문제 설계의 난이도 면에서는 여전히 도전 과제를 안고 있습니다. 그럼에도 불구하고 실용적 문제 해결에 특화된 방식으로서 중요한 가능성을 지닌 접근법입니다.

측정 기반 양자 컴퓨터

측정 기반 양자 컴퓨팅은 양자 컴퓨터를 구현하는 여러 방식 중 하나로, 회로 기반 양자 컴퓨팅과는 방식 자체가 다릅니다. 가장 큰 특징은 양자 게이트를 직접 조작하지 않고, 오직 '측정'이라는 행위만으로 계산을 수행한다는 점입니다.

이 방식의 핵심 개념은 '클러스터 상태 Cluster State'입니다. 클러스터

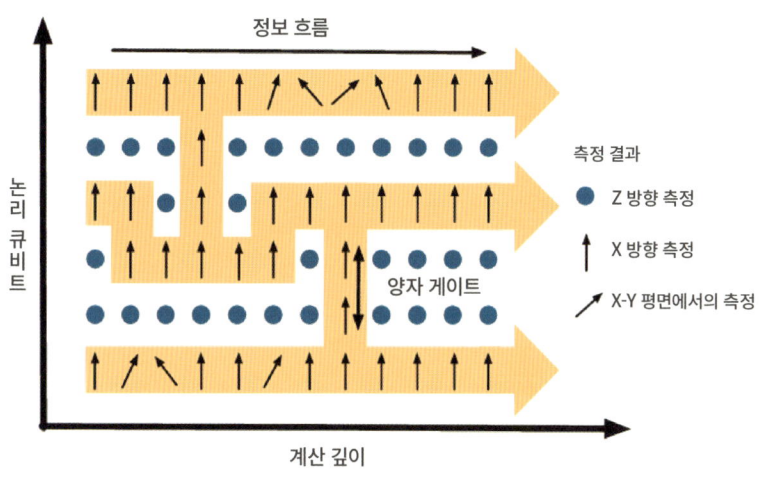

측정 기반 양자 컴퓨터의 개념도.
모든 큐비트가 얽혀 있는 클러스터 상태에서 시작해서
순차적으로 큐비트를 측정하면서 계산을 수행한다.
(출처: Mercedes Gimeno-Segovia, Pete Shadbolt, Dan E. Browne, Terry Rudolph(2014))

상태란, 여러 개의 큐비트가 양자 얽힘을 통해 서로 완전히 연결된 상태를 말합니다. 이미 앞에서 살펴보았듯, 얽힘 상태는 양자 컴퓨팅에서 매우 중요한 자원이죠. 측정 기반 양자 컴퓨팅에서는 이 얽힘 상태를 보다 적극적으로 활용합니다.

측정 기반 양자 컴퓨팅의 작동 원리는 다음과 같은 단계로 이루어집니다. 먼저, 여러 개의 큐비트를 얽힘 상태로 만들어 클러스터 상태를 준비합니다. 그런 다음, 첫 번째 큐비트를 측정합니다. 이 측정 결과에 따라 다음 큐비트를 어떤 방식으로 측정할지 결정됩니다. 이런 식으로 큐비트를 하나씩 차례로 측정해 나가면서 전체 계산이 진행됩니다.

이때 이전 측정의 결과가 다음 단계의 측정 방식에 영향을 주기 때문에 이러한 방식은 '피드포워드feedforward' 구조라고 부릅니다. 측정이 단순한 읽기 행위가 아니라 계산을 이끄는 역할을 한다는 점에서 매우 흥미롭습니다. 다시 말해, 양자 게이트를 직접 조작하지 않고 측정만으로 양자 연산을 구현할 수 있다는 것, 이것이 측정 기반 양자 컴퓨팅의 가장 큰 특징입니다.

측정 기반 방식의 강점

이 방식의 가장 큰 장점은 확장성과 유연성입니다. 특히 광자(빛)를 큐비트로 사용하는 플랫폼에서는 큐비트들 사이에 얽힘만 형성해 두면 되기 때문에 하드웨어 구조가 단순해지고, 큐비트의 수를 늘리는 것도 상대적으로 수월합니다. 이는 정교한 게이트 조작이 필수적인 회로 기반 양자 컴퓨팅에 비해 매우 유리한 점이지요.

실제로 광자 기반 양자 컴퓨터에서는 측정 기반 방식이 거의 유일하게 실현 가능한 선택지로 여겨지고 있습니다. 이 방식은 이온 트랩, 초전도 큐비트, 광격자 등 다양한 플랫폼에서도 구현이 가능하다는 점에서 높은 범용성을 갖습니다. 또한, 오류에 대한 적응력도 뛰어납니다. 큐비트를 하나씩 순차적으로 측정하기 때문에, 중간에 오류가 발생하더라도 전체 시스템이 모두 영향을 받지 않고, 남은 큐비트를 계속 활용할 수 있는 구조를 만들 수 있습니다. 이는 오류 보정이나 어떤 시스템이 작은 오류나 고장이 생겨도 전체가 멈추지 않고 계속 제대로 작동하는 능력을 말하는 내결함성 Fault Tolerance 을 고려할 때 큰 장점으로 작용합니다.

무엇보다 피드포워드 구조 덕분에 계산 도중에도 유연하게 방향을 바꿀 수 있습니다. 측정 결과에 따라 다음 연산을 실시간으로 조정할 수 있기 때문에 계산 흐름이 매우 유연하고 변화에도 잘 적응합니다.

측정 기반 방식의 한계

하지만 단점도 분명히 존재합니다. 첫째, 매우 많은 큐비트들의 클러스터 상태를 만들어야 하는데, 이 과정이 쉽지는 않습니다. 실제로 복잡한 계산을 수행하려면 수천 개, 많게는 수백만 개의 큐비트를 얽히게 만들어야 할 수도 있습니다. 이는 하드웨어 자원과 에너지 소모 면에서 큰 부담이지요. 둘째, 한 번 측정한 큐비트는 다시 사용할 수 없습니다. 따라서 동일한 계산을 수행하더라도 회로 기반 방식보다 더 많은 큐비트 자원이 필요할 수 있습니다. 셋째, 측정 과정에서 오류가 발생하거나 큐비트가 손실되면 계산 결과를 신뢰할 수 없게 됩니다. 특히 광자 기반 시스템에서는 광자의 손실 가능성이 크기 때문에 이를 보완하기 위한 추가 기술이 반드시 필요합니다. 넷째, 측정 결과에 따라 다음 연산을 실시간으로 조정해야 해서 고전 컴퓨터와 양자 컴퓨터가 빠르게 협력하는 복잡한 제어 시스템이 필요합니다. 피드포워드 과정에서 지연이 생기면 큐비트의 상태가 손실될 위험이 있어, 속도와 안정성 모두에서 기술적 난도가 높은 편입니다.

양자 컴퓨팅의
3가지 방식과 미래

회로 기반, 단열 기반, 측정 기반 양자 컴퓨팅은 각각 뚜렷한 개성과 명확한 장단점을 가지고 있습니다. 현재 많은 연구자들이 이들 방식을 보완하거나 조합하여, 보다 강력하고 실용적인 양자 컴퓨터를 만들기 위한 노력을 이어가고 있습니다.

방식 이름	핵심 원리	범용성 여부	대표적 활용/특징
회로 기반 양자 컴퓨팅	양자 게이트 조합	○	현재 컴퓨터와 작동 원리 유사 오류에 취약
단열 양자 컴퓨팅	쉬운 문제(해밀토니안)에서 어려운 문제로 천천히 변화시키며 답 추적	이론상 ○	오류에 강함 최적화 문제와 같은 일부 계산에 특화 긴 연산 시간
측정 기반 양자 컴퓨팅	얽힘 상태와 측정 기반 계산	○	오류 보정에 유리 확장성, 유연성 매우 많은 수의 큐비트의 얽힘 상태 요구

양자 컴퓨터의 작동 방식별 특징.

앞으로 각 방식이 어떻게 발전하고, 서로 어떤 방식으로 연결될지에 따라 양자 컴퓨터의 미래는 더욱 빠르게 펼쳐질 것입니다.

한 분야의 전문가, 특수 목적 양자 컴퓨터

특수 목적 양자 컴퓨터는 말 그대로 특정한 문제를 푸는 데 특화된 양자 컴퓨터입니다. 우리가 보통 생각하는 회로 기반 양자 컴퓨터는 어떤 문제든 다룰 수 있는 '범용' 컴퓨터지만, 특수 목적 양자 컴퓨터는 그와 달리 딱 정해진 목적에 맞춰 설계된 시스템입니다. 이런 개념을 이해하기 위해, 양자 컴퓨터의 계산 과정을 어떤 목적지에 도달하는 과정으로 비유해 볼 수 있습니다.

다양한 특수 목적형 양자 컴퓨터

범용 양자 컴퓨터는 자동차에 비유할 수 있습니다. 자동차는 좌회전, 우회전, 직진이라는 3가지 동작만 할 수 있다면 어디든 원하는 곳으로 자유롭게 이동할 수 있지요. 마찬가지로 범용 양자 컴퓨터도 유니버설 셋 게이트라고 불리는 양자 게이트 조합만 있다면 어떤 문제든 계산할 수 있습니다. 즉, 자동차처럼 자유롭게 다양한 연산을 구현할 수 있는 것이지요. 그러나 자동차는 어디든 갈 수 있지만 멀리까지 이동하는 경우에는 수백만 번 이상의 좌회전, 우회전, 직진을 조합해서 움직여야 하고, 그 결과 느릴 수 있습니다.

이에 비해 특수 목적 양자 컴퓨터는 KTX에 비유할 수 있습니다. 출발지와 도착지가 정해져 있고, 그 경로 외에는 벗어날 수 없지만, 속도는 아주 빠르지요. 목적지가 정해져 있다면, 그곳까지 훨씬 효율적으로 도달할 수 있습니다. 단점은, 다른 곳으로는 가지 못한다는 점입니다. 즉, 특수 목적 양자 컴퓨터가 모든 문제를 풀 수 있는 것은 아니지만, 특정한 문제에 대해서는 범용 컴퓨터보다 훨씬 빠르고 효과적으로 결과를 낼 수 있는 장점이 있습니다.

현재 연구되고 있는 대표적인 특수 목적 양자 컴퓨터로는 다음과 같은 방식들이 있습니다.

- 양자 어닐러 Quantum Annealer
- 양자 시뮬레이터 Quantum Simulator
- 보존 샘플링 Boson Sampling

각각의 방식은 그 목적과 작동 원리 그리고 활용 분야에서 독특한 특징을 가지고 있습니다.

양자 어닐러: 최적화 문제의 전문가

먼저 양자 어닐러는 주로 복잡한 최적화 문제를 해결하는 데 특화된 양자 컴퓨터입니다. 최적화 문제란, 여러 가지 가능한 선택지 중에서 가장 좋은 답을 찾는 문제를 의미합니다. 예를 들어, 여행자 문제, 포트폴리오 최적화, 물류 경로 최적화 등이 여기에 해당합니다. 양자 어닐러는 앞서 설명한 단열 양자 컴퓨팅과 유사한 방식으로 동작합니다. 기본적으로 단열 과정을 활용하지만, 그것을 엄격히 따르지는 않으며, 대신 양자 터널링이라는 현상을 적극적으로 활용합니다. 양자 터널링은 입자가 고전적으로는 통과할 수 없는 장벽을 마치 유령처럼 통과해버리는 양자 역학적인 현상입니다. 양자 어닐러는 이러한 터널링 효과를 이용해 에너지 장벽을 뚫고 지나가면서 초기 상태가 바닥 상태가 아니더라도 궁극적으로 가장 낮은 에너지 상태, 즉 바닥 상태에 도달할 수 있도록 설계되어 있습니다.

이러한 방식 덕분에 양자 어닐러는 특정한 최적화 문제에 대해서는 고전 컴퓨터보다 훨씬 빠르고 효율적으로 답을 찾아낼 수 있다는 장점을 가집니다. 하지만 단점도 분명히 존재합니다. 우선, 다양한 종류의 문제를 모두 해결할 수 있는 범용성이 떨어진다는 점에서 한계가 있습니다. 또한, 대규모 문제를 다루기 위해서는 수많은 큐비트가 서로 긴밀하게 연결되어 있어야 하는데, 현재 기술 수준에서는 큐비트 간의 연결성을 충분히 확보하는 것이 쉽지 않은 과제로 남아 있습니다.

그럼에도 불구하고 양자 어닐러는 실제 산업 현장에서 이미 활용되고 있습니다. 대표적인 사례로는 캐나다의 양자 컴퓨터 기업 디웨이브

양자 어닐러의 대표 주자 디웨이브.
(출처: D wave Quantum)

D-Wave가 있습니다. 디웨이브는 초전도 큐비트를 기반으로 이징 모델Ising Model에 따라 작동하는 양자 어닐러를 개발해 다양한 분야에서 실험적으로 적용하고 있습니다. 예를 들어, 도요타는 물류 경로 최적화 문제에 디웨이브의 양자 어닐러를 도입하여 연료 비용을 크게 절감하는 성과를 거두었습니다. 금융 분야에서도 양자 어닐러의 활용이 이어지고 있습니다. 글로벌 투자은행인 골드만삭스는 포트폴리오 최적화 문제를 다루는 실험을 통해 수익과 리스크 간의 균형을 맞추는 데 성공했습니다. 또한, 신약 개발 분야에서도 양자 어닐러가 활용되고 있으며, 특히 단백

질 접힘 문제를 빠르게 해결하여 신약 후보 물질을 찾는 데 기여하고 있습니다.

이처럼 양자 어닐러는 최적화 문제 해결에 강점을 지닌 특수 목적형 양자 컴퓨터로, 이미 다양한 산업 분야에서 그 가능성을 보여주고 있으며, 앞으로의 활용 범위도 점점 더 넓어질 것으로 기대됩니다.

양자 시뮬레이터: 맞춤 계산 전문가

두 번째로 양자 시뮬레이터는 양자 시스템의 특정 현상을 실험적으로 연구하거나 복잡한 양자 물리 문제를 시뮬레이션하는 데 특화된 장치입니다. 고전 컴퓨터로는 다루기 어려운 복잡한 양자 시스템, 예를 들어 초전도체, 자기체, 분자 구조, 고에너지 물리 현상 등을 이해하고 예측하는 데 사용됩니다. 양자 시뮬레이터는 실제로 관심 있는 양자 시스템을 모방하거나 그와 유사한 환경을 만들어 내서 실험적으로 데이터를 얻을 수 있습니다. 이때 양자 컴퓨터의 핵심 요소인 큐비트의 얽힘, 중첩 등 다양한 양자 역학적 특성을 활용합니다. 양자 시뮬레이터는 이론적으로 예측하기 어려운 복잡한 양자 현상을 실험적으로 관찰하고, 그 결과를 바탕으로 새로운 이론이나 기술을 개발하는 데 큰 도움을 줍니다. 실제로 고체 물리, 화학, 소재 과학, 양자 정보 분야 등에서 활발히 연구되고 있습니다.

새로운 소재의 특성을 예측하고 싶은 경우를 생각해 보지요. 소재의 특성은 소재에 포함된 수많은 전자들이 어떻게 움직이고 있는지에 따라 결정됩니다. 그리고 그 전자들은 양자 역학의 지배를 받아 움직이며 중첩, 얽힘 등 다양한 상태로 존재할 수 있습니다. 이러한 전자의 양자 역학적 움직임은 아주 복잡하여 고전 컴퓨터로는 정확하게 계산할 수 없습니다. 그래서 고전 컴퓨터로 소재의 특성을 시뮬레이션할 때는 이리저리 근삿값을 취해서 고전 컴퓨터가 풀 수 있을 정도로 문제를 쉽게 바꾼 후 계산을 실행했습니다. 따라서 틀릴 때가 많았지요. 하지만 양자 컴퓨터는 큐비트 하나하나가 양자 역학적으로 행동하고 있기 때문에 큐비트 하나로 전자 하나를 모사하여 근사 없이 정확한 시뮬레이션을 수행할 수 있습니다. 따라서 소재의 성질을 아주 정확하게 예측할 수 있고, 더 나아가 신소재 개발에 큰 도움을 줄 것이라 예상되고 있습니다. 비슷한 이유로 양자 컴퓨터는 복잡한 분자 구조나 화학 반응을 시뮬레이션하는 데에도 탁월한 능력을 발휘할 것이라 예상됩니다.

하지만 단점도 있습니다. 대표적으로, 양자 시뮬레이터는 특정 문제에만 특화되어 있어 범용성이 떨어집니다. 또한, 실험 환경이나 장치의 제한으로 인해 모든 양자 현상을 완벽하게 모사하는 데는 한계가 있습니다.

양자 시뮬레이터는 과학 연구의 새로운 도구로도 주목받고 있습니다. 예를 들어, 고체 물리학에서는 초전도체나 자기체의 특성을 이해하기 위해 양자 시뮬레이터를 활용합니다. 화학 분야에서는 복잡한 분자 구조나 화학 반응을 시뮬레이션해 신소재 개발이나 촉매 설계에 활용합니다. 양자 정보 분야에서는 새로운 양자 알고리즘을 개발하거나 양자 오류 보정 기법을 실험하는 데 사용됩니다. 양자 시뮬레이터는 실제

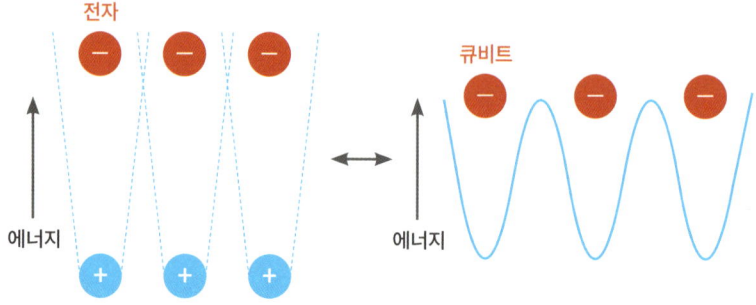

양자 시뮬레이션. 실제 물질 속의 전자들이 양자 역학적으로
움직이는 양상을 큐비트로 모사한다.

로 관찰하기 어려운 양자 현상을 실험적으로 재현할 수 있기 때문에 이론과 실험의 간극을 메우는 데 큰 역할을 하고 있습니다.

보존 샘플링: 복잡한 확률 패턴 속에 숨은 보물 찾기

보존 샘플링은 특정한 계산 문제를 해결하기 위해 빛의 입자인 광자 光子의 양자적 특성을 활용하는 방식입니다. 이 기술은 비교적 단순한 구조로도 양자 우월성 quantum supremacy을 입증할 수 있는 실용적인 접근법으로 주목받고 있습니다. 보존 샘플링의 핵심은 마치 나무 기둥 사이를 구슬들이 굴러떨어지는 갈톤 보드 Galton board처럼, 광자가 여러 갈래 길로 나누어져 나아가면서 서

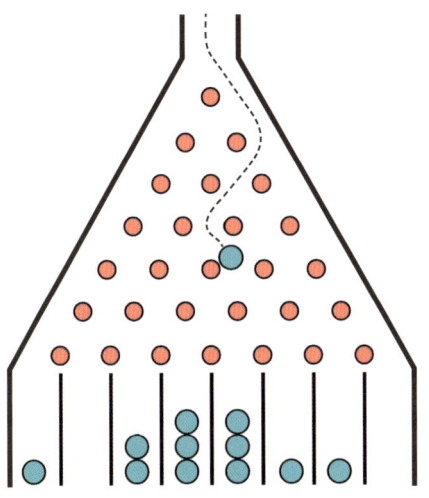

갈톤 보드. 보존 샘플링은 이 갈톤 보드와 원리가 비슷하다.
광자가 여러 경로를 지나가면서 만드는 간섭 현상을 이용하여 계산한다.

로 간섭하며 만들어 내는 복잡한 확률 분포를 이용하는 것입니다. 이 과정은 고전 컴퓨터로는 시뮬레이션하기 어렵기 때문에 이를 이용한 특수 양자 컴퓨팅 방법이 주목받고 있습니다.

보존 샘플링의 기본 설계는 세 단계로 이루어집니다. 첫째, 동일한 특성을 가진 광자들을 생성합니다. 이 광자들은 파장, 편광, 도달 시간 등 모든 측면에서 구분되지 않아야 합니다(이를 '동일성'이라고 합니다). 둘째, 이 광자들을 선형 광학 회로에 통과시킵니다. 이 회로는 빛을 분리하거나 결합하는 빔 스플리터 beam splitter와 빛의 위상을 조절하는 장치 phase shifter로 구성되며, 광자들의 경로를 무작위적으로 뒤섞습니다. 셋째, 광자들이 회로를 통과한 후 출력 포트에서의 위치를 측정합니다. 이때 각 광자가 어떤 출력 포트에 도달했는지를 기록하면, 특정한 패턴이 나타나게 됩니다. 이 패턴은 광자들이 회로 내에서 겪은 모든 가능한 경로의 양자 간섭에 의해 결정되며, 그 확률 분포는 고전 컴퓨터로 계산하기 매우 어려운 수학적 문제와 연결됩니다.

보존 샘플링의 핵심은 바로 이 광자들이 보여주는 양자 간섭 현상입니다. 예를 들어, 2개의 광자가 빔 스플리터에 동시에 도달하면, 이 두 광자의 경로가 서로 간섭하면서 특정 출력 포트로 함께 이동하는 경향을 보입니다(옆 그림). 이를 홍-오우-만델 Hong-Ou-Mandel 효과라고 부르는데, 광자의 양자적 성질이 만들어 내는 전형적인 현상이지요. 보존 샘플링에서는 이러한 간섭이 수십 개의 광자와 복잡한 광학 회로에서 대규모로 발생합니다. 모든 광자의 가능한 경로는 서로 중첩되고 간섭하여, 최종적인 출력 패턴의 확률을 결정합니다. 이 확률은 수학적으로 행렬의 행렬식 permanent이라는 값을 계산하는 것과 동일합니다. 행렬식은 행렬의 모든 원소를 조합해 구하는 값으로, 고전 컴퓨터가 효율적으로 계산하기에는 너무 복잡한 문제로 알려져 있습니다. 따라서 광자의 수가 늘어날수록 가능한 경로의 수가 기하급수적으로 증가하며, 고전 컴퓨터로는 이를 추적하는 것이 사실상 불가능해집니다. 실제로 2020년 중국 과학기술대학 USTC 연구팀은 76개의 광자와 100개의 출력 포트를 가진 보존 샘플링 장치를 이용해 고전 슈퍼컴퓨터로는 25억 년이 걸릴 계산을 200초 만에 수행하며 양자 우월성을 입증했습니다. 이 실험은 보존 샘플링이 이론적 가능성을 넘어 실용적 성과로 이어질 수 있음을 보

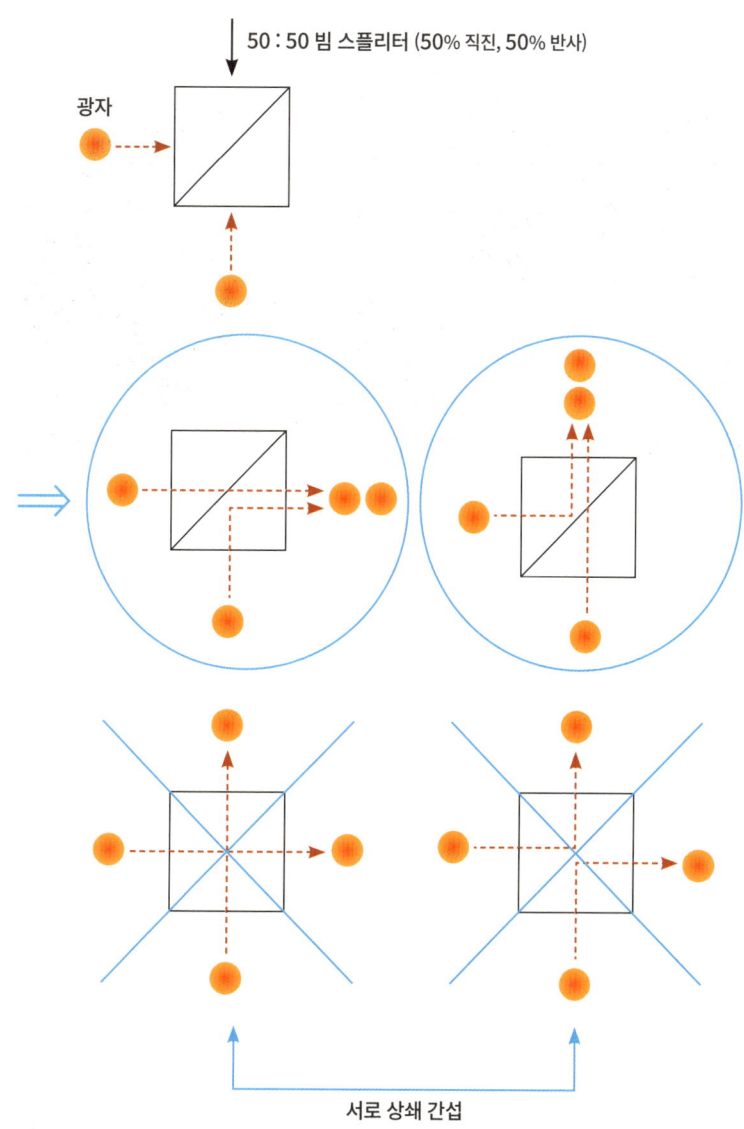

홍-오우-만델 효과.
두 광자가 같은 방향으로 나온다.

2020년 보존 샘플링으로 고전 슈퍼컴퓨터로는
25억 년이 걸릴 계산을 200초 만에 수행한 중국 양자 컴퓨터.
(출처: Chao_Yang Lu, 2020)

여주었습니다.

보존 샘플링은 범용 양자 컴퓨터가 아니기 때문에 암호 해독이나 복잡한 알고리즘 실행에는 직접적으로 활용될 수 없습니다. 그럼에도 불구하고 이 기술은 머신러닝과 데이터 과학 분야에서 특히 주목받고 있습니다. 복잡한 확률 모델을 학습하거나 고차원 데이터에서 의미 있는 패턴을 찾는 데 활용될 수 있기 때문입니다. 금융 분야에서는 위험 분석이나 포트폴리오 최적화에, 양자 화학에서는 분자 구조의 다양한 상태를 탐색하는 데 적합합니다. 보존 샘플링은 고전 컴퓨터로는 처리하기 어려운 복잡한 확률 분포를 효율적으로 다룰 수 있기 때문에 앞으로 머신러닝과 인공지능 분야에서도 혁신을 이끌 것으로 기대됩니다.

이처럼 특수 목적 양자 컴퓨터는 각각의 목적에 따라 설계와 활용 방식이 다릅니다. 양자 어닐러는 최적화 문제 해결, 양자 시뮬레이터는 복잡한 양자 현상 시뮬레이션에, 보존 샘플링은 복잡한 확률 분포에서의 샘플 추출에 각각 특화되어 있습니다. 이들은 범용 양자 컴퓨터와 달리 특정 문제에 더 빠르고 효율적으로 접근할 수 있다는 장점이 있지만, 동시에 범용성의 한계와 실용화의 난관도 안고 있습니다. 앞으로 기술 발전과 함께 특수 목적 양자 컴퓨터들은 과학, 산업, 금융 등 다양한 분야에서 더욱 중요한 역할을 할 것으로 기대됩니다.

큐비트는 어떻게 만들 수 있을까?

앞서 이야기했듯이, 양자 컴퓨터의 심장부에는 '큐비트'라는 고유한 정보 단위가 자리하고 있습니다. 일반 컴퓨터의 비트가 0 또는 1, 둘 중 하나의 값만 가질 수 있는 반면, 큐비트는 0과 1을 동시에 가질 수 있는 신비로운 성질을 지니고 있지요. 지금부터 양자 컴퓨팅의 핵심이라 할 수 있는 큐비트에 대해 좀 더 깊이 들여다보려 합니다. 구체적으로는 큐비트가 어떤 조건을 만족해야 하는지, 어떻게 제어할 수 있는지 그리고 이러한 큐비트들을 모아 양자 컴퓨터를 구성할 때 어떤 사양들을 고려해야 하는지에 대해 차근차근 살펴보겠습니다.

큐비트가 되기 위한 필수 조건들

양자 컴퓨터를 현실적으로 만들기 위해서는 큐비트를 물리적으로 어떻게 구현하든 반드시 갖추어야 할 핵심 조건들이 있습니다. 이러한 조건들을 미국의 물리학자 데이비드 디빈센조David DiVincenzo가 정리한 것이 바로 '디빈센조 기준DiVincenzo Criteria'입니다.

이 기준은 모든 실용적인 양자 컴퓨터 후보 플랫폼에 공통적으로 적용되는 것으로, 총 5가지로 이루어져 있습니다. 여기에 양자 정보를 먼 거리로 전송하는 '양자 통신'까지 고려하면, 2가지 조건이 추가되어 총 7가지가 됩니다.

1. 0과 1 값을 명확하게 정의할 수 있는가?

첫 번째 조건은 0과 1로 구분할 수 있는 2개의 뚜렷한 양자 상태가 실제로 존재해야 한다는 것입니다. 즉, 큐비트로 사용하려면 0 상태와 1 상태를 분명히 구별할 수 있어야 하지요. 또한, 양자 컴퓨터의 성능은 큐비트의 개수가 많아질수록 기하급수적으로 향상되기 때문에 여러 개의 큐비트를 무리 없이 추가할 수 있는 플랫폼이어야 합니다.

2. 큐비트를 손쉽게 초기화할 수 있는가?

모든 계산은 일단 초기화에서 시작합니다. 마찬가지로 양자 컴퓨터에서도 큐비트를 초기 상태, 보통 0 상태로 설정한 다음에 계산이 시작됩니다. 그뿐만 아니라, 계산 도중에 잡음이나 오류 누적으로 인해 큐비트가 엉뚱한 상태에 빠졌을 경우, 처음부터 다시 시작하려면 재초기화 기능이 필요합니다. 이처럼 연산 전에 빠르고 확실하게 모든 큐비트를 초기화할 수 있어야 신뢰할 수 있는 대규모 양자 연산이 가능해집니다.

3. 큐비트의 상태가 얼마나 오래 유지되는가?

양자 상태인 중첩이나 얽힘은 아주 민감하고 쉽게 깨지는 특성이 있습니다. 주변의 열, 전자기장, 진동 같은 외부 잡음에 의해 양자 상태가 사라질 수 있기 때문이지요. 따라서 양자 상태를 오래 유지할 수 있는 큐비트일수록 유리합니다. 이 상태가 유지되는 시간을 '결맞음 시간coherence time'이라고 부르며, 반대로 양자 상태가 깨지는 현상은 '결어긋남'이라고 합니다.

결맞음 시간은 큐비트의 연산 시간보다 훨씬 길어야 합니다. 일반적으로는 연산 시간의 수천 배 이상이 바람직합니다. 예를 들어, 원자의 초미세구조를 이용한 큐비트는 결맞음 시간이 최대 1초 정도에 이르는 반면, 연산 시간은 마이크로초μs 단위입니다. 이는 이론적으로 100만 번의 연산이 가능한 시간적 여유를 의미하지요.

4. 큐비트를 얼마나 정밀하게 제어할 수 있는가?

좋은 큐비트는 정확한 제어가 가능해야 합니다. 우선, 하나의 큐비트를 정밀하게 조작할 수 있어야 합니다. 예를 들어, $0 \rightarrow 1$, $1 \rightarrow 0$ 또는 0과 1의 중첩 상태로 자유롭게 바꿀 수 있어야 하지요. 이런 조작을 단일 큐비트 게이트라고 부릅니다.

그다음 단계로는, 2개의 큐비트를 동시에 제어해서 양자 얽힘을 만들 수 있어야 합니다. 이때 사용하는 것이 두 큐비트 게이트, 대표적으로 앞에서 살펴봤던 CNOT 게이트입니다. 이처럼 단일 큐비트와 두 큐비트를 조작할 수 있는 게이트 연산이 정확히 구현되어야만, 양자 알고리즘을 제대로 실행할 수 있습니다. 이를 요약하면, 큐비트를 원하는 대로 정밀하게 조작할 수 있는 능력 controllability이 핵심 요건입니다.

5. 큐비트의 값을 정확하게 측정할 수 있는가?

양자 컴퓨터로 어떤 계산을 수행한 후, 결과를 얻으려면 결국 큐비트의 상태를 읽어야 합니다. 즉, 좋은 큐비트는 계산이 끝났을 때 그 값이 0인지 1인지 명확하게 측정할 수 있어야 하지요. 또한, 큐비트가 여전히 중첩 상태에 있다면 여러 번 반복 측정을 통해 그 상태의 확률 분포를 추론할 수 있어야 합니다. 양자 시스템마다 측정 방식은 다릅니다. 예를 들어, 원자나 이온 큐비트는 특정 상태(보통 1 상태)에서만 빛을 내는 성질을 활용합니다. 특정 파장의 레이저를 쏘아 밝으면 1, 어두우면 0으로 판단하는 방식이지요. 반면, 초전도 큐비트는 양자 상태에 따라 전류나 자기장의 세기가 달라지는 성질을 이용하여 상태를 판별합니다. 어떠한 방식을 사용하든 정확하고 안정적인 측정은 양자 계산의 핵심 요소라 할 수 있습니다.

자, 여기까지가 양자 컴퓨터용 큐비트의 요건입니다. 추가로 양자 통신을 위한 나머지 2가지 조건도 바로 살펴볼까요?

6. 큐비트 간 정보를 정확하게 전달할 수 있는가?

양자 통신은 정지된 상태에서 연산을 수행하는 정지형 큐비트와 정보를 공간적으로 이동시키는 비행형 큐비트(주로 광자)로 구성됩니다. 이때 중요한 것은, 정지형 큐비트에서 수행한 연산 결과를 비행형 큐비트로

0과 1의 값을
명확하게
정의할 수 있는가?

큐비트를
손쉽게 초기화
할 수 있는가?

큐비트의 상태가
얼마나 오래
지속될 수 있는가?

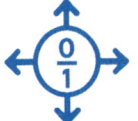
큐비트를 얼마나
정밀하게
제어할 수 있는가?

큐비트의 값을
정확하게
측정할 수 있는가?

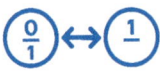
비행형 큐비트를
양자 채널을 통해
멀리 전송할 수 있는가?

큐비트 간 정보를
정확하게 전달할 수 있는가?

큐비트의 필수 조건.

정확하게 전달할 수 있어야 한다는 점입니다. 그래야 네트워크를 통한 정보 전송이나 분산 양자 연산이 가능해지기 때문이지요.

7. 비행형 큐비트를 양자 채널을 통해 멀리 전송할 수 있는가?

양자 통신의 핵심은 정보를 멀리 보내는 것입니다. 이를 위해서는 광자처럼 이동할 수 있는 비행형 큐비트가 양자 상태를 유지한 채 먼 거리까지 전송될 수 있어야 합니다. 즉, 이동 중에도 중첩이나 얽힘 상태가 보존되어야 신뢰 가능한 양자 통신이 이루어질 수 있습니다.

만약 여러분이 새로운 물리 시스템을 큐비트로 활용해 양자 컴퓨터를 개발하고자 한다면, 먼저 그 시스템이 디빈센조 기준을 만족하는지 확인해야 합니다. 이 기준은 마치 큐비트가 갖춰야 할 일종의 '기본 자격증'과도 같은 것이지요. 아무리 이론적으로 뛰어난 시스템이라 하더라도, 디빈센조 기준을 만족하지 못한다면 실용적인 범용 양자 컴퓨터로 발전하기는 어렵습니다.

큐비트의 다양한 예

자연계에는 2개의 구별되는 에너지 상태를 가진 다양한 물리 시스템이 존재합니다. 이러한 시스템들은 큐비트로 활용될 수 있는데요, 여기서는 대표적인 큐비트 후보들을 간단히 살펴보겠습니다.

광자 큐비트: 빛의 편광을 이용한 큐비트

광자의 편광 상태는 큐비트의 대표적인 구현 방식 중 하나입니다. 수직 편광과 수평 편광이라는 2가지 모드가 존재하며, 각각을 0과 1로 사용할 수 있지요. 광자는 공기 중에서도 거의 손실 없이 전파되며, 상태를 오래 유지할 수 있다는 장점이 있습니다.

또한, '파장판waveplate'이라는 얇은 유리판 형태의 광학 소자를 이용하면, 편광 방향(큐비트의 상태)을 정밀하게 제어할 수 있습니다. 측정은 편광판 polarizer 이라는 소자를 통해 이루어지며, 수직 또는 수평 편광만 통과시켜 광자의 상태를 판별합니다.

원자/이온 큐비트: 자연이 선물한 큐비트

개별 원자나 이온의 전자 에너지 상태도 큐비트로 사용할 수 있습니다. 보통 원자의 '바닥 상태'와 '들뜬 상태'라는 2개의 상태를 통해 이를 각각 0과 1로 정의하는 것이지요. 만약 들뜬 상태의 수명이 길다면, 양자 상태를 더 오랫동안 안정적으로 유지할 수 있습니다. 제어는 보통 레이저나 마이크로파를 사용합니다.

원자/이온 큐비트의 측정은 형광 방식을 이용합니다. 예를 들어, 1 상태에만 반응하는 특정 파장의 레이저를 원자나 이온에 쏘면, 밝게 빛나면 1, 그렇지 않으면 0으로 판별하는 방식입니다.

초전도 큐비트: 인공 원자의 걸작

초전도 큐비트는 마치 인공적으로 만든 원자와도 같습니다. 초전도 회로 내부의 LC 회로에서 발생하는 조화 진동을 활용하며, 바닥 상태와 들뜬 상태를 각각 0과 1로 사용합니다. 제어는 보통 약 5GHz 대역의 마이크로파를 이용해 이루어지며, 이는 두 에너지 상태 간 차이에 해당하는 에너지입니다. 초전도 큐비트의 큰 특징은 절대영도에 가까운 극저온으로 냉각해야만 안정적인 양자 상태가 유지된다는 점입니다. 측정은 회로에 흐르는 전류나 자기장 B field 의 변화를 감지해 큐비트의 상태를 파악하는 방식으로 이루어집니다.

양자 컴퓨터의 성능 지표: 확장성과 제어 능력

이제 큐비트에 대해 알아봤으니, 여러분이 큐비트의 조건을 만족하는 시스템을 고안해 양자 컴퓨터를 만들었다고 생각해 봅시다. 제일 먼저 다른 양자 컴퓨터들과 비교해 보아야겠지요? 이때 누구의 양자 컴퓨터가 더 우수한지 비교하려면 가장 핵심이 되는 2가지 지표를 알아야 합니다. 바로 확장성과 제어 능력이지요.

확장성scalability: 많으면 많을수록 좋다

확장성은 말 그대로 큐비트의 수를 얼마나 늘릴 수 있는가를 뜻합니다. 양자 컴퓨터의 계산 능력은 큐비트 수에 따라 기하급수적으로 증가하므로, 큐비트가 많을수록 더 복잡하고 어려운 문제를 풀 수 있습니다. 그렇다면 몇 개 정도의 큐비트가 필요할까요?

이 질문에 정답은 없습니다. 왜냐하면 큐비트의 오차율이나 사용 목적에 따라 필요한 수가 달라지기 때문입니다. 예를 들어, 구글이나 중국 연구진이 개발한 100큐비트 내외의 양자 컴퓨터는, 슈퍼컴퓨터로는 사실상 영원히 걸릴 수도 있는 계산을 단 몇 분 만에 수행하며 큰 주목을 받았습니다.[6] IBM의 127큐비트 양자 컴퓨터는 특정 자성 재료의 시뮬레이션에서 슈퍼컴퓨터보다 더 정확한 결과를 내기도 했지요.[7]

반면, RSA 2,048비트 암호를 해독하기 위해서는 이론적으로 1,400개의 오류 없는 논리 큐비트가 필요하다고 알려져 있습니다. 이를 실제 물리 큐비트로 구현하려면 약 100만 개가 필요합니다.[8] 과거에는 10억 개가 필요하다고 생각했지만, 양자 알고리즘의 발전과 함께 오류 수정 효율이 향상되면서 요구 큐비트 수가 대폭 줄었습니다.

앞으로도 기술이 발전함에 따라 이 수치는 계속 줄어들 가능성이 크지만 "큐비트는 많을수록 좋다"는 사실만큼은 여전히 유효합니다. 다만, 큐비트를 늘리는 일은 쉽지 않습니다. 큐비트 수가 늘어나면 시스템의 복잡성도 기하급수적으로 증가하기 때문입니다. 많은 큐비트를 정확하고 안정적으로 제어하는 것이 양자 컴퓨터의 가장 큰 도전 과제입니다.

제어 능력 controllability: 정확성과 선택성이 핵심

제어 능력은 원하는 큐비트를 원하는 순간에 얼마나 정확하게 제어할 수 있는지를 뜻합니다. 이를 평가하는 핵심 요소는 다음과 같습니다. 첫 번째는 충실도 fidelity 입니다. 이는 한 번의 양자 연산을 얼마나 정확하게 오차 없이 수행할 수 있는가를 나타냅니다. 최근에는 원자 이온 큐비트에서 99.999985%[9], 초전도 큐비트에서도 99.998%[10]에 달하는 정확도가 보고되고 있습니다. 두 큐비트를 사용하는 연산에서는 99.9% 정도의 정확도가 현재 기준입니다.

두 번째 핵심 요소는 개별 제어 능력입니다. 수많은 큐비트 중에서 특정 큐비트 하나만 선택해 제어할 수 있는 능력입니다. 이때 주변 큐비트에 영향을 주지 않아야 하며, 이를 위해서는 매우 정밀한 공간 및 진동수 제어가 필요하지요. 가장 큰 과제는 큐비트 개수가 늘어나도 제어의 충실도와 개별 제어 능력을 유지할 수 있어야 한다는 점입니다. 예를 들어, 10개의 큐비트 중 4번째를 제어하는 것과 100만 개 중에서 548,342번째 큐비트를 정확히 제어하는 것은 완전히 다른 수준의 기술입니다. 큐비트 수가 늘어나도 제어 정확도를 유지할 수 있어야 실용적인 양자 컴퓨터가 되는 것입니다.

양자 볼륨 Quantum Volume : 종합적인 성능 지표

2019년 IBM이 제안한 '양자 볼륨'은 단순히 큐비트 수만으로는 양자 컴퓨터의 성능을 평가할 수 없다는 문제의식에서 출발했습니다. 양자 볼륨은 다음 요소들을 종합적으로 고려합니다.

1. 큐비트 수
2. 게이트 충실도
3. 큐비트 간 연결성
4. 오류 없이 실행 가능한 게이트 수(회로 깊이)

2020년 IBM이 양자 볼륨 32를 달성한 이후, 2025년에는 원자 이온 양자 컴퓨터 기업인 퀀티넘 Quantinuum 이 무려 8,388,608의 양자 볼륨을

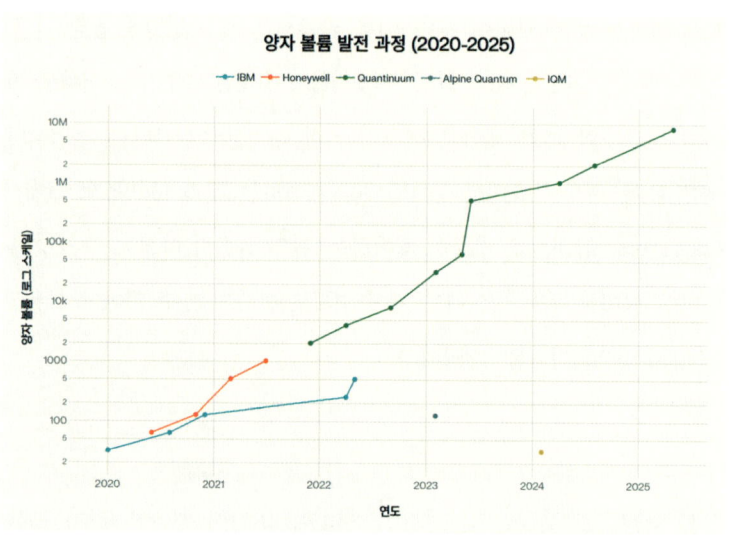

2020년부터 2025년까지의 각 회사들의 양자 볼륨 변화.
퀀티넘은(구 Honeywell)은 원자 이온 기반으로 높은 연산 충실도를 바탕으로
양자 볼륨에서 우위를 점하고 있다. 초전도 큐비트를 사용하는 IBM은 많은 큐비트 수에도
불구하고 노이즈로 인해 양자 볼륨이 제한된다. 중성 원자 기반의 IQM은
비교적 최근 진입한 기업으로, 현재는 낮은 양자 볼륨을 기록 중이다.

기록하며 큰 도약을 이루었습니다.[11] 퀀티넘은 큐비트 수는 56개로 많지 않지만, 높은 연산 충실도 덕분에 압도적인 성능을 보여주고 있지요. 퀀티넘은 2020년부터 매년 양자 볼륨을 10배씩 향상시키겠다는 목표를 세우고 이를 충실히 실현해 오고 있습니다.

반면, 초전도 큐비트 기반 양자 컴퓨터는 큐비트 수는 많지만 상대적으로 노이즈에 약해 양자 볼륨이 제한되는 경향이 있습니다. 한 가지 주목할 점은, 양자 볼륨은 고전 컴퓨터로 시뮬레이션하여 계산된다

는 점입니다. 하지만 큐비트가 100개를 넘어가면 고전 컴퓨터로도 시뮬레이션이 불가능해지기 때문에, 최근에는 이를 대체할 새로운 벤치마크 방법들이 활발히 개발되고 있습니다.

양자 중첩과 얽힘이 단지 이론 속 개념이 아니라, 우리가 실제로 만들고 우리 뜻대로 제어할 수 있다는 사실이 놀랍지 않나요? 지금 우리는 수백 개의 큐비트를 다루는 수준에 머물러 있지만, 언젠가는 수백만 개의 큐비트가 완벽한 조화를 이루며 작동하는 양자 컴퓨터를 마주하게 될 것입니다. 그리고 현재의 양자 컴퓨터 개발 속도를 감안해 보면 그 미래는 생각보다 가까이 다가와 있을지도 모르겠습니다.

양자 컴퓨터 상용화의 열쇠, 양자 오류 정정

양자 오류 정정은 양자 컴퓨터의 신뢰성과 실용화를 위해 반드시 필요한 핵심 기술입니다. 양자 컴퓨터는 뛰어난 계산 능력을 지녔지만, 정보를 담는 단위인 '큐비트'는 매우 민감해 작은 환경 변화에도 쉽게 정보를 잃거나 오류가 발생하는 문제가 있습니다. 예를 들어, 큐비트는 극저온, 미세한 진동, 약한 전자기파 등에도 영향을 받아 상태가 뒤바뀌거나 정보가 사라질 수 있습니다.

이처럼 양자 컴퓨터에서는 오류가 피할 수 없는 문제이기 때문에 이를 감지하고 수정하는 기술인 '양자 오류 정정'이 꼭 필요합니다. 양자 오류 정정은 양자 컴퓨터가 안정적으로 작동하도록 만들고, 결국 우리가 실제로 사용할 수 있는 양자 컴퓨터로 나아가는 데 필수적인 역할을 합니다.

도대체 어디가 어떻게 틀린 걸까?

양자 컴퓨터, 특히 회로 기반 양자 컴퓨터의 가장 큰 약점 중 하나는 바로 '오류'입니다. 여기서 말하는 오류란, 양자 컴퓨터의 기본 정보 단위인 큐비트가 외부 환경의 영향을 받아 원래의 상태에서 예상치 못하게 변해버리는 현상을 말합니다.

앞서 설명한 대로 큐비트는 0과 1이 동시에 존재할 수 있는 중첩과 둘 이상의 큐비트가 얽히는 고유한 양자 특성을 통해 놀라운 계산 능력을 발휘합니다. 하지만 그만큼 민감하기도 해서 아주 작은 진동, 열, 전자기장의 변화 혹은 장치 내부의 미세한 잡음에도 쉽게 영향을 받습니다.

가장 기본적인 오류는 고전 컴퓨터에서도 나타나는 '비트 플립bit flip 오류'입니다. 이는 큐비트의 상태가 0에서 1로, 또는 1에서 0으로 바뀌는 현상입니다. 예를 들어, 원래 |0⟩ 상태였던 큐비트가 알 수 없는 자극으로 인해 |1⟩ 상태로 뒤집히는 경우를 말합니다. 반면, 양자 컴퓨터에서만 발생하는 고유한 오류로는 '위상 플립phase flip 오류'가 있습니다. 이것은 큐비트의 '위상'—즉, 파동처럼 진동하는 양자 상태의 방향—이 반대로 바뀌는 현상입니다. 예를 들어, 원래 '0+1' 형태로 중첩되어 있던 상태가 '0-1'로 바뀌는 식이지요. 현실에서는 이 2가지 오류가 동시에 발생하는 복합 오류도 자주 나타납니다. 큐비트의 상태(0↔1)와 위상(플러스↔마이너스) 모두가 함께 영향을 받는 경우입니다.

또 다른 중요한 오류로는 '결어긋남'이 있습니다. 이는 큐비트가 외부 환경과 상호작용하면서 원래 갖고 있던 양자의 신비로운 상태(예를 들어, 중첩이나 얽힘 같은)가 점차 흐려지거나 완전히 사라지는 현상입니다. 마치 처음에는 모든 무용수가 박자를 맞춰 칼군무를 추다가 시간이 흐를수록 각자의 박자가 미묘하게 엇갈리면서 팀 전체가 흐트러지는 모습과 비슷합니다. 이 현상이 심해지면 큐비트가 계산하던 정보를 통째로 잃어버릴 수도 있습니다. 사용자나 개발자 모두에게 악몽이 벌어지는 것입니다.

또 한 가지, 측정 오류도 발생할 수 있습니다. 이는 큐비트의 상태를 읽어오는 장비 자체가 정확하지 않아서 정답이 아닌 잘못된 값을 기록하는 경우입니다. 마치 나는 정상 체온인데, 체온계가 고장 나서 이상한 숫자를 보여주는 것과 유사하다고 볼 수 있지요.

오류 종류	고전 컴퓨터 발생 유무	대표 원인	결과
비트 플립	있음	온도, 잡음, 진동	0과 1의 상태 뒤바뀜
위상 플립	없음 (양자 특유)	환경 노이즈, 파동 변화	양자 정보 의미 자체가 바뀜
복합 오류	없음 (양자 특유)	복합 환경 간섭	상태·위상이 동시에 뒤바뀜
결어긋남	없음 (양자 특유)	외부 환경	양자 효과 사라짐, 정보 소실
측정 오류	있음	장비 불안정, 노이즈	측정 결과 해석 오류

양자 오류 유형 비교.

그렇다면 오류는 어떻게 잡을까?

이처럼 다양한 오류들이 끊임없이 발생하기 때문에 양자 컴퓨터를 실제로 유용하게 사용하려면 모든 종류의 오류를 실시간으로 감지하고 보정하는 기술이 반드시 필요합니다. 이를 '양자 오류 정정 Quantum Error Correction'이라고 부릅니다.

여기서 중요한 점은, 단 하나의 오류만 막는 것이 아니라 비트 플립, 위상 플립, 복합 오류, 결어긋남, 측정 오류까지 모든 오류를 아우르는 정정 기술이 요구된다는 것입니다. 이 모든 장애를 넘어설 수 있어야 비로소 실용적인 양자 컴퓨터가 완성될 수 있습니다. 그렇다면 과연 우리는 오류를 어떻게 찾아내고 수정할 수 있을까요?

고전 컴퓨터에서는 오류가 발생하더라도 비교적 간단한 방식으로 이를 해결할 수 있습니다. 가장 대표적인 방법이 다수결 방식입니다. 하나의 정보를 여러 개의 비트에 복사해서 저장해 두는 것이지요. 예를 들어, 같은 정보를 5개의 비트에 저장해 두었는데 연산 도중 하나의 값만 다르게 나타난다면, 나머지 4개가 같은 값을 가리키므로 나머지를 기준으로 그 하나가 '오류'라고 판단하고 수정할 수 있습니다.

하지만 양자 컴퓨터에서는 이 방법이 통하지 않습니다. 왜냐하면 양자 정보는 복제 자체가 불가능하기 때문입니다. 1982년 과학자들에 의해 밝혀진 이 물리법칙을 '복제 불가능성 정리 No-Cloning Theorem'라고 부릅니다. 게다가 큐비트의 상태는 직접 측정하는 순간 곧바로 붕괴되어버려서 고전적인 방식처럼 복사하거나 비교해서 확인할 수 없습니다.

이 문제를 해결하기 위해 과학자들은 양자의 고유한 특성인 중첩과 얽힘을 적극 활용한 새로운 방식의 오류 정정 방법을 고안했습니다. 여러 개의 큐비트를 하나의 묶음으로 엮어 하나의 정보를 표현하는 방식인데요, 이 하나의 묶음을 '논리 큐비트 logical qubit'라고 부릅니다. 반면, 실제로 장치에 존재하는 개별 큐비트는 '물리 큐비트 physical qubit'라고 부르지요.

양자 오류 정정의 실제 과정에서는 '신드롬 syndrome 측정'이라는 기술을 사용합니다. 이는 오류가 어디서, 어떤 방식으로 발생했는지를 간접적으로 탐지하는 방법입니다. 마치 건강 검진처럼 몸의 상태를 바로 뜯어보는 대신 각종 수치를 분석해 이상 유무를 알아내는 것과 비슷합니다.

여기서 중요한 역할을 하는 것이 신드롬 큐비트 또는 보조 큐비트입니다. 이 큐비트들은 실제 정보는 손대지 않고, 오류만 감지하는 역할을 맡습니다. 오류가 감지되면, 해당 오류에 맞는 조작을 통해 큐비트를 원래의 상태로 복원합니다. 이 모든 과정은 큐비트의 상태를 붕괴시키지 않으면서도 정확하고 빠르게 이루어져야 하므로, 매우 높은 정밀도와 기술력을 요구합니다. 양자 오류 정정을 구현하는 방법은 다양합니다. 대표적으로는 고전적인 오류 정정 방식을 양자적으로 확장한 CSS 코드 Calderbank-Shor-Steane Code, 현재 가장 널리 연구되고 있는 표면 코드 Surface Code 그리고 최근 주목받고 있는 양자 저밀도 패리티 체크 qLDPC 등이 있습니다.

CSS 코드: 가장 기본적인 양자 오류 정정 방식

CSS 코드는 양자 컴퓨터에서 발생하는 오류를 감지하고 수정하기 위해 고안된 가장 기본적이고 널리 사용되는 방법 중 하나입니다. 이 코드는 2가지 고전적인 오류 정정 코드Classical Error Correction Code를 조합하여 만들어졌으며, 비트 플립 오류와 위상 오류를 각각 효과적으로 처리할 수 있도록 설계되어 있습니다. 비트 플립 오류와 위상 플립 오류는 양자 컴퓨터에서 서로 독립적으로 발생할 수 있기 때문에 CSS 코드는 이 두 종류의 오류를 분리해 다루는 방식을 택합니다. 하나의 고전 코드는 비트 오류를 감지하고 고치기 위해 사용되고, 다른 하나는 위상 오류를 처리하는 데 사용됩니다.

이러한 두 코드를 큐비트에 적용하면, 하나의 논리 큐비트는 여러 개의 물리 큐비트에 걸쳐 중첩 상태로 인코딩됩니다. 마치 하나의 중요한 메시지를 여러 사람에게 나누어 전달하는 것처럼 일부 정보가 손상되더라도 전체 메시지를 복원할 수 있도록 하는 원리이지요.

실제로 오류가 발생하면, 각각의 오류 유형에 따라 신드롬 측정을 진행합니다. 이 측정을 통해 어떤 큐비트에서 어떤 종류의 오류가 발생했는지를 알아낸 뒤, 이에 맞는 연산을 통해 원래 상태로 되돌립니다.

CSS 코드의 사례

CSS 코드의 대표적인 예로는 스테인 코드Steane Code가 있습니다. 이 코드는 영국의 물리학자 앤드류 스테인Andrew Steane이 도입한 오류 수정 도구입니다. 1개의 논리 큐비트를 7개의 물리 큐비트에 분산시켜 저장하고, 단일 비트 오류나 위상 오류를 모두 감지하고 수정할 수 있도록 설계되어 있습니다. 스테인 코드는 해밍 코드 Hamming Code 라는 고전 오류 정정 코드를 기반으로 만들어졌습니다. 이 해밍 코드를 비트 오류용과 위상 오류용으로 각각 나누어 적용함으로써, 복잡한 양자 오류 문제를 보다 단순한 고전 오류 정정 문제로 바꾸는 뛰어난 구조를 갖추고 있습니다.

CSS 코드의 장점

CSS 코드가 널리 사용되는 이유 중 하나는, 이미 고전적으로 검증된 오류 정정 기술을 양자 컴퓨터에 효율적으로 응용할 수 있기 때문입니다. 또한, 비트 오류와 위상 오류를 분리해서 처리하기 때문에 오류 정정 과정이 비교적 단순하며, 다양한 고전 코드들 중에서 필요한 특성을 골라 조합할 수 있는 유연성도 큽니다. 이러한 장점 덕분에 CSS 코드는 현재 양자 컴퓨팅 연구에서 중요한 역할을 하고 있으며, 이후 등장한 표면 코드, 토릭 코드 Toric Code 등 복잡한 최신 오류 정정 코드의 기초가 되기도 했습니다.

CSS 코드의 한계

하지만 CSS 코드에도 한계는 존재합니다. 가장 큰 단점은 모든 종류의 양자 오류를 정정하지는 못한다는 점입니다. CSS 코드는 비트 플립 오류와 위상 플립 오류가 서로 독립적으로 발생한다는 가정 위에서 작동하기 때문에, 이 두 오류가 동시에 일어나는 복합 오류에 대해서는 정정

성능이 떨어질 수 있습니다. 또한, CSS 코드는 고전 코드 기반이어서 일부 중요한 양자 논리 연산(예: T 게이트)에서 발생하는 오류를 정정하려면 별도의 복잡한 과정을 거쳐야 합니다. 따라서 CSS 코드는 소규모 양자 연산에는 매우 효율적이지만, 이를 대규모 양자 컴퓨팅으로 확장하는 데에는 한계가 있습니다.

표면 코드: 늘릴수록 더 좋아진다

표면 코드는 여러 개의 물리 큐비트를 2차원 격자 구조(표면)로 배열해 정보를 저장하고 보호하는 양자 오류 정정 방식입니다. 이 격자에는 실제 정보를 담고 있는 데이터 큐비트, 이들을 감시하고 점검하는 역할을 하는 보조 큐비트가 번갈아 배치됩니다. 이들은 함께 하나의 논리 큐비트를 이루지요.

오류를 감지할 때는 앞서 설명한 신드롬 측정을 사용합니다. 이때 중요한 점은 데이터 큐비트는 직접 측정하지 않고, 보조 큐비트만을 측정해 오류가 발생했는지를 간접적으로 확인한다는 것입니다. 이렇게 오류 여부만 판단하는 방식 덕분에 정보가 들어 있는 큐비트의 상태는 무너지지 않고 그대로 유지될 수 있습니다.

예를 들어, 어떤 보조 큐비트 주변에 있는 데이터 큐비트들에 오류가 전혀 없다면 그 보조 큐비트를 측정했을 때 0이라는 값이 나옵니다. 반대로, 주변 데이터 큐비트 중 하나라도 오류가 있으면 보조 큐비트를 측정했을 때 1이 나옵니다. 그렇게 보조 큐비트들에서 나온 값들을 종합하면 어느 위치의 데이터 큐비트에서 오류가 발생했는지 추적할 수 있습니다. 이후 해당 오류에 맞는 연산을 수행해 원래 상태로 정확히 복원하는 것이지요.

표면 코드의 장점

표면 코드의 가장 큰 장점은 물리 큐비트의 개수를 늘릴수록 논리 큐비트의 안정성이 기하급수적으로 향상된다는 점입니다. 예를 들어, 하나의 논리 큐비트를 9개의 물리 큐비트로 구성하는 것보다 100개 이상의 물리 큐비트를 사용할수록 오류율은 훨씬 낮아집니다. 실제로 중성 원자 기반 양자 컴퓨터를 개발하는 큐에라 QuEra 그리고 초전도 큐비트를 사용하는 구글은 실험을 통해 이러한 성질을 입증한 바 있습니다.[12] 더 많은 물리 큐비트를 투입할수록 논리 큐비트의 오류가 눈에 띄게 줄어든다는 사실은 양자 오류 정정 연구에서 큰 주목을 받고 있습니다.

표면 코드의 한계

하지만 표면 코드에도 뚜렷한 단점은 존재합니다. 가장 큰 한계는 논리 큐비트 하나를 안정적으로 운용하기 위해 수십~수천 개의 물리 큐비트가 필요하다는 점입니다. 오류 정정을 반복하는 과정에서 막대한 하드웨어 자원과 복잡한 연산 처리가 요구되기 때문에 시스템 전체의 규모가 급격히 커집니다. 또한, 2차원 격자 구조가 필수적이라는 점도 기술적 부담을 증가시킵니다. 큐비트 간 연결을 구현하려면 정교한 하드웨어 배치가 필요하고 신호 지연, 배선 복잡성, 회로 밀도, 물리적 공간

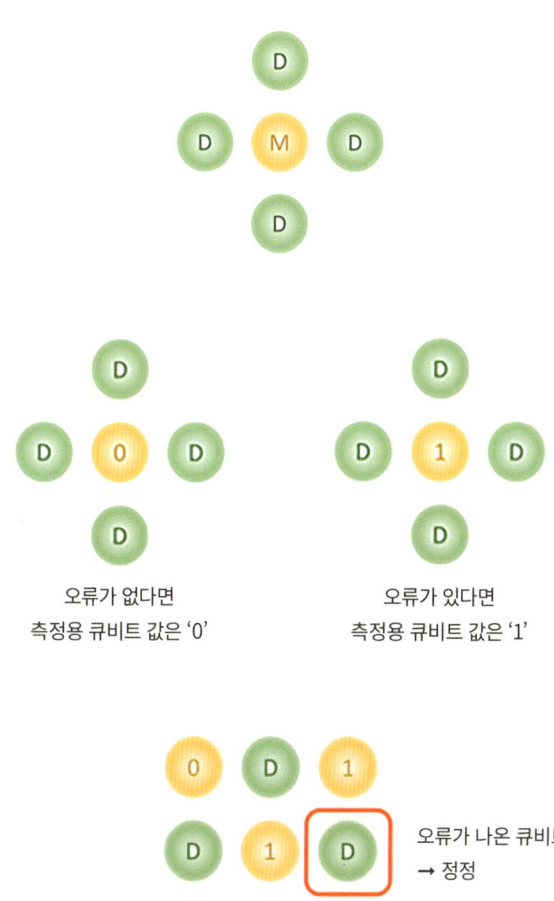

표면 코드의 원리.
오류가 발생한 큐비트를 찾아내어 정정한다.

부족 등 다양한 공학적 문제가 발생합니다.

이 때문에 표면 코드는 소규모 실험실 장치에서는 매우 효과적이지만, 수천~수만 개 큐비트를 사용하는 대형 양자 컴퓨터에서는 공간·비용·설계상의 부담이 함께 따라올 수밖에 없습니다. 표면 코드는 지금까지 개발된 양자 오류 정정 코드 중 가장 실용화 가능성이 높은 방식 중 하나로, 실제 하드웨어 수준에서 이미 구현이 진행되고 있는 기술입니다. 하지만 대규모 확장을 위한 공학적 한계를 어떻게 극복할지가 앞으로의 핵심 과제가 될 것입니다.

양자 저밀도 패리티 체크: 더 적은 물리 큐비트로 논리 큐비트를!

최근 IBM은 기존의 표면 코드보다 훨씬 적은 물리 큐비트로도 강력한 오류 정정이 가능한 새로운 코드, 바로 qLDPC(Quantum Low-Density Parity-Check) 방식을 도입해 실험적으로 성능을 입증했습니다.[13]

예를 들어, 1,000번에 한 번 오류가 나는 물리 큐비트(오류율 10^{-3})를 사용해, 100만 번에 한 번만 오류가 나는 논리 큐비트(오류율 10^{-6})를 만들려면, 기존 표면 코드에선 약 1,000개의 물리 큐비트가 필요하지만, qLDPC 코드를 사용하면 70개 내외만으로도 같은 수준의 안정성을 구현할 수 있습니다. 필요한 큐비트 수를 10분의 1 수준으로 줄인 것이지요. 과거에는 한 명을 보호하기 위해 수천 명의 경비원을 배치해야 했다면, 이제는 정밀하게 훈련된 소수의 경비원만으로도 더 효율적인 보호가 가능해진 셈으로 비유할 수 있습니다. 같은 수준의 안정된 연산을 훨씬 적은 하드웨어 자원으로 구현할 수 있게 된 것입니다.

어떻게 큐비트를 줄였을까?

qLDPC 방식이 큐비트 사용량을 줄일 수 있었던 이유는, 기존 표면 코드처럼 단순히 2~3개의 인접 큐비트만 연결하는 것이 아니라, 6개 이상의 큐비트를 서로 복잡하게 연결해 더 정밀한 오류 정정이 가능해졌기 때문입니다. 이 덕분에 강력한 보호 능력을 갖추게 되었지만, 동시에 다음과 같은 기술적 도전도 함께 생겼습니다.

양자 저밀도 패리티 체크의 한계

큐비트 간의 연결 방식이 복잡해지면서 하드웨어 설계 난도가 높아졌고, 신호 지연, 제어 오류, 제작 어려움 등의 공학적 부담이 큽니다. 그리고 오류 위치를 파악하고 정정하는 과정이 수학적으로 복잡해, 빠른 신드롬 처리 회로와 AI 기반 디코더 등 고성능 보조 기술이 필요합니다. 게다가 아직 수백~수천 개의 물리 큐비트 수준에서 이 방식의 안정성과 견고함이 충분히 입증되었다고 보기 어려워 실제 확장성 면에서는 추가 실험이 필요합니다.

양자 컴퓨팅의 미래
양자 오류 정정 기술

양자 컴퓨터 개발 초기에는 장비의 한계로 인해 오류 정정 자체가 매우 어려웠지만, 최근에는 다양한 플랫폼에서 실용적인 오류 임계치 threshold 이하의 성능을 구현하면서 안정적인 논리 큐비트를 만들어 내는 데 성공하는 사례들이 꾸준히 등장하고 있습니다. 특히 대규모 오류 정정 시스템에서는 실시간으로 발생하는 막대한 신드롬 데이터를 처리하기 위해 고전 슈퍼컴퓨터와의 연계, 초고속 디지털 회로, AI 기반 예측 및 디코딩, 실시간 피드포워드 제어 등 다양한 첨단 기술이 함께 활용되고 있습니다. 이 외에도 머신러닝을 이용한 오류 예측, 동적 오류 억제, 실시간 단일 큐비트 피드포워드(빠른 보정) 등 다양한 혁신적인 기법들이 개발되고 있으며, 양자 컴퓨터의 성능 향상과 실용화는 이러한 '양자 오류 정정' 기술의 발전 속도에 크게 의존하고 있다고 할 수 있습니다. 그러니까 양자 오류 정정 기술의 발전이 곧 양자 컴퓨팅의 미래라고도 할 수 있겠지요.

초전도 큐비트
양자 컴퓨터

양자 컴퓨터의 이론은 충분히 알아봤으니, 이제 본격적으로 하드웨어에 대해 살펴보겠습니다.

초전도 큐비트 기반 양자 컴퓨터는 최근 몇 년 사이 양자 컴퓨팅 분야에서 가장 주목받는 기술 중 하나입니다. 많은 분들이 '양자 컴퓨터' 하면 이 시스템을 떠올릴 만큼 IBM, 구글 등 주요 기술 기업들이 활발하게 연구와 개발을 진행하고 있습니다. 이미 50개 이상의 큐비트를 가진 칩부터 1,000개 이상의 큐비트로 구성된 시스템까지 다양한 성과가 발표되고 있지요. 이번에는 초전도 큐비트 양자 컴퓨터의 작동 원리와 장단점, 현재 개발 현황 및 전망에 대해 자세히 알아보겠습니다.

초전도 큐비트
양자 컴퓨터의 원리

초전도 큐비트 양자 컴퓨터는 이름에서 알 수 있듯이, 초전도체라는 특별한 물질을 사용해 큐비트를 구현합니다. 초전도체는 특정 온도 이하로 냉각될 때 전기 저항이 완전히 사라져 전류가 손실 없이 흐르는 물질입니다. 이 특성을 이용해 초전도 회로를 만들고, 그 안에 양자 정보를 저장하고 처리하는 것이 초전도 큐비트의 핵심 원리입니다.

초전도 큐비트는 반도체 칩을 만드는 공정과 유사하게 알루미늄$_{Al}$이나 니오븀$_{Nb}$ 같은 초전도체 금속으로 칩 위에 미세한 회로를 그려 만듭니다. 덕분에 우리가 익숙한 반도체 칩과 비슷한 외형을 가지고 있지요. 실제로 기업들이 공개한 초전도 큐비트 칩들은 3~4센티미터 크기에 수십에서 수백 개의 큐비트가 구현되어 있습니다. 각 큐비트는 전선으로 연결되어 전기 신호를 통해 제어됩니다.

하지만 이 칩은 일반적인 반도체와 달리 극저온(섭씨 -273도) 환경에서만 양자 컴퓨터로서 제대로 작동합니다. 이 극저온은 초전도 현상이 일어나기 위한 필수 조건인 동시에, 큐비트의 양자 상태를 안정적으로 유지하는 데 매우 중요한 역할을 합니다. 온도 요건에 대한 자세한 이야기는 후반부에서 더 다뤄보겠습니다.

큐비트는
어떻게 만들어질까

초전도 큐비트는 조셉슨 접합$_{\text{Josephson Junction}}$이라는 특별한 소자

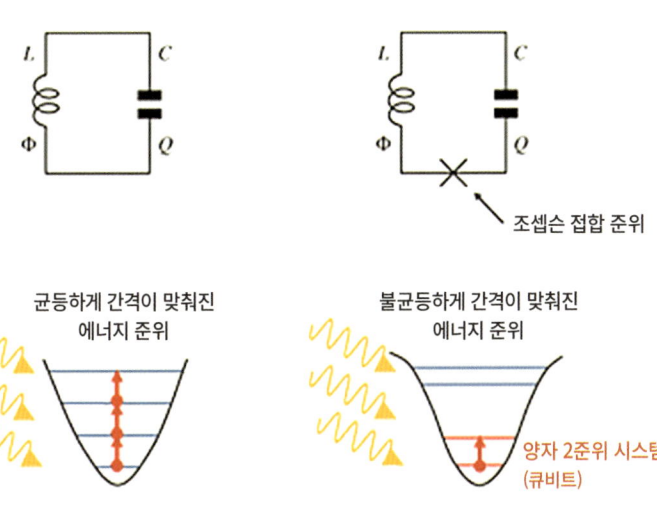

조셉슨 접합이 있는 것과 없는 초전도 LC 회로의 에너지 준위 모형.
초전도 큐비트는 마치 코일과 콘덴서가 연결된 회로와 같다.
(출처: NTT Technical Review 2008)

를 이용해 만든 전기 회로입니다. 회로에 익숙하신 분이라면 코일과 콘덴서가 연결된 LC 회로를 생각하면 이해하기 쉽습니다. 초전도 큐비트에서는 이 회로에 흐르는 초전도 전류 또는 전하의 양을 이용해 큐비트의 상태를 표현합니다. 예를 들어, 전류가 거의 흐르지 않으면 0, 어느 정도 흐르는 상태를 1로 볼 수 있습니다. 이를 에너지 상태로 표현하면 각각 바닥 상태와 들뜬 상태로 표현됩니다.

조셉슨 접합은 2개의 초전도체 사이에 얇은 절연체를 끼워 넣은 구조인데요, 전자는 원래 이 절연체를 통과할 수 없지만, 파동적 성질 덕분에 마치 터널을 뚫고 지나가듯 통과하는 '양자 터널링 현상'이 일어납니다. 이 터널링 현상은 순전히 양자 역학적 효과입니다. 덕분에 초전도 큐비트는 2개의 에너지 상태(바닥 상태와 들뜬 상태)인 0과 1의 상태를 동시에 갖는 중첩 상태를 구현할 수 있습니다. 이는 0 또는 1 중 하나만 가질 수 있는 고전적인 비트와는 근본적으로 다른 점이지요.

초전도 큐비트 기반 양자 컴퓨터는 이러한 물리적 상태를 양자 정보로 표현한 뒤, 전기 신호인 마이크로파 펄스나 자기장을 조절하여 큐비트의 상태를 바꾸고, 여러 큐비트를 얽히게 만들어 양자 연산을 수행합니다. 큐비트 간의 상호작용은 직접적인 전기적 연결(커패시터, 인덕터) 또는 공진기를 통해 이루어지며, 이를 통해 다양한 양자 게이트(CNOT, SWAP 등)를 구현할 수 있습니다.

초전도 큐비트 양자 컴퓨터의 장단점

초전도 큐비트 양자 컴퓨터는 여러 가지 장점을 가지고 있습니다. 먼저, 칩을 만드는 과정이 실리콘 반도체 공정과 유사해서 기존 반도체 산업의 축적된 기술과 노하우를 활용할 수 있습니다. 그 덕분에 대량 생산과 집적이 비교적 쉬워 수십, 수백, 나아가 수천 개의 큐비트를 하나의 칩에 담아낼 수 있지요. 실제로 IBM은 2023년에 1,000개 이상의 큐비트로 구성된 양자 컴퓨터를 발표했으며, 디웨이브는 이미 4,400개 이상의 큐비트를 가진 양자 어닐러를 사용자들에게 제공하고 있습니다. 또한, 게이트 연산을 나노초(10억 분의 1초) 단위로 수행할 수 있어 이온 트랩 등 다른 방식에 비해 훨씬 빠릅니다. 마지막으로, 제어와 측정이 용이하다는 장점도 있어요. 전기적 신호로 큐비트의 상태를 바꾸거나 측정할 수 있어서 기존 전자공학 기술과의 호환성이 좋고, 마이크로파 공진기를 이용한 비파괴 측정 non-demolition measurement이 가능해 큐비트의 상태를 읽어도 정보가 손실되지 않게 할 수 있습니다.

하지만 초전도 큐비트 양자 컴퓨터에는 몇 가지 단점도 존재합니다. 가장 큰 문제는 양자 결어긋남 현상으로, 큐비트의 상태가 오래 유지되지 못한다는 점입니다. 큐비트는 외부 환경(온도, 전자기파, 소음 등)에 매우 민감해서 양자 상태를 오래 유지하기가 어려워요. 주로 사용되는 초전도 큐비트의 경우, 양자 상태를 10~100마이크로초(100만 분의 1초) 정도만 유지할 수 있습니다. 한 번의 연산에 10나노초가 걸린다고 가정하면, 약 1,000번 정도의 연산이 가능한 시간이지요. 하지만 범용 양자 컴퓨터는 수천, 수만 번의 연산을 수행해야 하므로 계산 도중 오류가 발생하고 누적될 수 있습니다. 이를 보완하기 위해 추가적인 큐비트와 오류 수정 코드가 필요합니다.

두 번째 단점은 극저온 환경입니다. 칩 전체가 절대영도(약 10~20밀리켈빈, 섭씨 -273도에 가까운 온도)까지 냉각되어야만 작동하는데, 이는 초전도 큐비트의 에너지 차이가 매우 작아 주변의 미세한 열 에너지에도 상태가 무작위로 변할 수 있기 때문입니다. 앞서 언급한 결맞음 시간을 유지하기 위해서는 아주 낮은 온도로 전체 시스템을 냉각시켜야만

초전도 큐비트 양자 컴퓨터에 쓰이는 냉각기 사진.
크기가 대략 2~3미터로 가운데 가장 온도가 낮은 부분에 초전도 큐비트 양자 컴퓨터 칩이
탑재되어 있다. 황금색으로 보이는 수많은 선들은 큐비트를 제어하기 위한 전선들이다.
(출처: Google Research)

하는 것이지요. 따라서 고가의 냉각 장치와 복잡한 인프라가 필수적이며, 이는 시스템의 크기와 비용을 크게 증가시키는 요인입니다.

세 번째 단점은 확장성의 한계입니다. 칩 위에 큐비트를 만드는 단계까지는 확장성이 뛰어나지만, 실제 동작을 위해 극저온 냉각기에 연결해야 하는 수많은 전선이 확장성을 제한합니다. 1,000개의 큐비트가 있다면 1,000개의 전선이 필요하고, 이 전선들을 모두 냉각기에 넣는 데

물리적인 한계가 있기 때문입니다. 현재 기술로는 하나의 냉각기에 약 1,000개 정도의 큐비트만 연결할 수 있는 것으로 알려져 있습니다.

마지막으로 연결성의 한계도 있습니다. 대부분 물리적으로 인접한 큐비트끼리만 직접 상호작용할 수 있어, 멀리 떨어진 두 큐비트를 얽히게 하려면 그 사이에 있는 모든 큐비트와 순차적으로 얽힘을 만들어야 합니다. 이는 필연적으로 연산 횟수를 늘리고 효율을 떨어뜨릴 수 있습니다.

초전도 큐비트 양자 컴퓨터의 현재와 미래

초전도 큐비트 양자 컴퓨터의 개발은 매우 빠르게 진행되고 있습니다. 2019년, 구글은 53개의 초전도 큐비트로 구성된 '시카모어Sycamore' 프로세서를 이용해 고전 슈퍼컴퓨터로 1만 년이 걸릴 계산을 200초 만에 해내면서 양자 컴퓨터가 고전 컴퓨터로는 실용적인 시간 내에 풀 수 없는 문제를 실제로 풀어냈을 때를 의미하는 '양자 우월성Quantum Supremacy'을 입증했습니다.[14]

또 IBM은 2023년에 1,121개의 큐비트를 가진 '콘도르Condor' 프로세서를 발표했고, 구글 역시 2024년에 오류 수정 기술을 강화한 '윌로우Willow' 칩을 개발해 양자 알고리즘의 신뢰성을 높이고 있습니다.[15] 이뿐 아니라 중국, 유럽, 일본 등에서도 활발하게 초전도 큐비트 양자 컴퓨터 개발이 이루어지고 있어요. 하지만 초전도 큐비트 양자 컴퓨터가 실제로 상용화되려면 아직 해결해야 할 과제들도 많습니다.

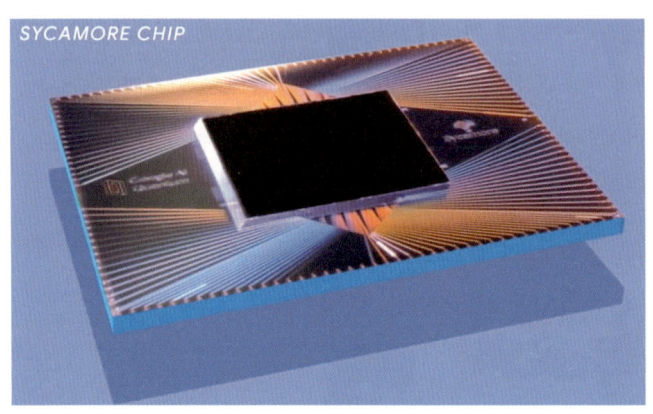

2019년 구글이 발표한 시카모어 양자 컴퓨터 칩.
가운데 까만 부분에 54개의 큐비트가 그려져 있다.
주변의 빗금이 각각의 큐비트에 연결된 전선이다.
(출처: Google(2019))

오류 수정 기술의 개선

현재 초전도 큐비트는 노이즈와 양자 결어긋남에 취약합니다. 실용적인 계산을 하려면 수많은 물리적 큐비트를 오류 수정에 투입해야 하지요. 이를 위해 표면 코드 등 다양한 양자 오류 수정 코드가 연구되고 있으며, 최근에는 AI와 머신러닝을 활용해 큐비트 제어와 측정의 정확도를 높이는 시도도 이루어지고 있습니다.

큐비트 간 상호작용의 확장

더 많은 큐비트를 효율적으로 연결하고 복잡한 알고리즘을 실행하려면 새로운 연결 구조와 제어 기술을 개발해야 합니다.

이처럼 초전도 큐비트 양자 컴퓨터는 양자 컴퓨팅의 핵심 기술로 자리 잡고 있습니다. 세계적인 기업들이 잇달아 좋은 결과를 발표하면서 양자 컴퓨팅 커뮤니티의 분위기를 이끌고 있다고 해도 과언이 아니지요. 초전도 큐비트가 가진 빠른 연산 속도와 제어의 용이함 그리고 실용화를 위한 여러 도전 과제들을 종합적으로 살펴보면, 양자 컴퓨팅이 우리 삶을 어떻게 바꿀지 그 가능성을 가늠해 볼 수 있습니다. 앞으로도 초전도 큐비트 양자 컴퓨터는 과학, 산업, 금융, 인공지능 등 다양한 분야에서 혁신을 이끌 핵심 기술로 자리매김할 것입니다. 초전도 큐비트가 여전히 많은 도전을 안고 있더라도, 그 진보는 결국 우리가 상상하지 못한 세계로 우리를 이끌게 되겠지요?

자연이 준 큐비트 I, 중성 원자

중성 원자 양자 컴퓨터는 최근 양자 컴퓨팅 분야에서 가장 주목받는 기술 중 하나입니다. 전 세계에서 연구와 상용화가 활발하게 진행되고 있지요. 이번에는 중성 원자 양자 컴퓨터가 어떤 원리로 작동하는지, 장단점은 무엇인지 그리고 현재 개발 상황과 미래 전망까지 차근차근 살펴보겠습니다.

중성 원자 양자 컴퓨터란?

중성 원자 양자 컴퓨터는 이름 그대로 전하를 띠지 않는 중성 원자 하나를 큐비트로 쓰는 방식입니다. 초전도 큐비트와 달리, 자연 그대로의 원자를 하나하나 포획해 조작하며 양자 연산을 수행하지요. 앞서 원자에는 여러 에너지 상태가 띄엄

띄엄 존재한다고 말씀드렸지요? 그중 양자 상태를 오래 유지하고 안정적으로 제어할 수 있는 두 상태를 골라 하나는 큐비트의 0, 다른 하나는 1로 정합니다.

중성 원자 큐비트 역시 상태를 오래 유지하려면 절대영도(섭씨 −273도)에 가깝게 냉각해야 합니다. 주로 루비듐Rb, 세슘Cs, 스트론튬Sr 같은 알칼리 금속이나 알칼리 토금속alkaline earth metal 계열의 원자를 씁니다. 이들은 주기율표의 첫 번째·두 번째 세로줄에 속하고, 자연에서 쉽게 구할 수 있으며, 레이저로 빠르게 냉각해 양자 상태를 안정적으로 유지하기 좋습니다. 그럼 중성 원자 양자 컴퓨터는 어떻게 만들까요? 바로 다음 단계에 따라 만듭니다.

1단계: 레이저 냉각으로 원자 식히기

먼저 레이저 냉각laser cooling으로 원자를 절대영도에 가까운 온도까지 식힙니다. 보통 레이저를 쏘면 뜨거워질 것 같은데 레이저로 냉각을 한다니 조금 의외지요? 레이저 냉각은 양자 역학 원리를 이용해 레이저 빛으로 원자나 분자의 속도를 줄이며 온도를 극도로 낮추는 기술입니다. 핵심은, 원자가 레이저 광자를 흡수했다가 다시 방출하는 과정에서 운동량을 잃는다는 점이에요. 예를 들어, 원자가 움직이는 방향의 반대편에서 레이저를 쏘면 원자는 광자의 운동량을 받아 속도가 느려집니다. 물론 광자 하나의 운동량은 아주 작기 때문에 원자 하나를 제대로 멈추려면 수많은 광자가 필요합니다. 마치 '계란으로 바위 치기' 같지요. 계란 하나로는 바위를 깰 수 없지만 수천, 수만 번 계속 던지면 운동량이 쌓여 언젠가는 바위가 깨집니다. 원자 냉각도 같은 원리입니다. 이 과정을 앞·뒤·좌·우·위·아래, 여섯 방향에서 반복하면 원자는 모든 방향으로 점점 느려집니다. 결국 절대영도 가까이 식어 거의 움직이지 않게 되고, 양자 상태를 오래 유지할 수 있는, 양자 정보 저장·처리에 이상적인 환경이 만들어집니다.

2단계: 광집게로 원자 잡기

다음으로 광집게 optical tweezer를 이용해 각 원자를 원하는 자리로 데려가 고정합니다. 레이저를 렌즈로 모아 약 1마이크로미터 규모로 초점을 맞추면 그 초점에 원자나 분자, 심지어 바이러스나 세포 같은 큰 입자까지 포획됩니다. 말 그대로 '빛으로 만든 집게'인 셈이지요.

광집게에 잡힌 입자는 집게를 움직이면 실제 집게에 집힌 것처럼 그대로 따라다니기도 합니다. 최근에는 레이저·광학 기술이 눈에 띄게 발전해 수천 개 이상의 광집게를 손쉽게 만들고 그 위치를 자유자재로 제어할 수 있습니다. 기본적인 바둑판 배열은 물론, 벌집·삼각형 모양, 나아가 다음 그림처럼 3차원 구조까지 다양한 형태로 원자를 배열할 수 있습니다.

이렇게 하면 수십, 수백, 나아가 수천 개 이상의 원자를 원하는 모양으로 정밀하게 배치할 수 있고, 그 배열이 곧 다수의 큐비트를 갖춘 양자 컴퓨터의 뼈대가 됩니다.

이렇게 하나씩 고정된 원자의 두 에너지 상태를 0과 1로 설정해 큐비트로 사용합니다. 큐비트를 제어할 때는 '마이크로파'라고 불리는 전

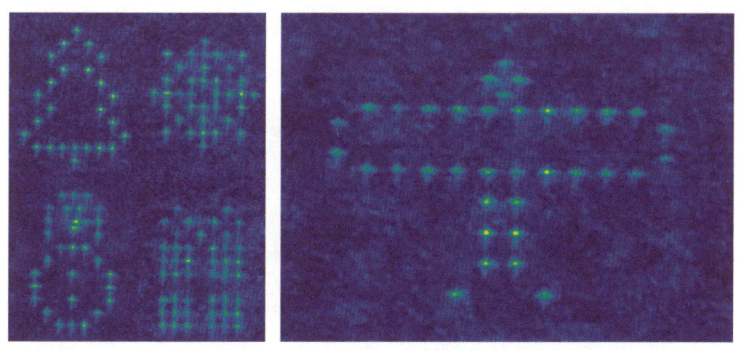

광집게를 이용한 다양한 원자 배열. 2차원 혹은 3차원으로 원자를 자유롭게 배열한다. 원자를 이용해서 세계에서 가장 작은 크리스마스 트리도 만들 수 있다.
(출처: Durham University, 2021)

자기파나 레이저를 원자에 쏘아 원하는 상태를 만듭니다.

두 큐비트 사이에 양자 연산을 하려면, 원자들을 양자 얽힘 상태로 만들어야 합니다. 이를 위해 '리드버그rydberg 상태'라는 특별한 양자 상태를 활용합니다. 리드버그 상태란, 원자가 매우 높은 에너지 준위에 있는 상태를 말하는데, 이때의 원자(리드버그 원자)는 주변 원자와 강하게 상호작용해 일정 거리 안에 또 다른 리드버그 원자가 생기는 것을 막습니다. 이를 '리드버그 봉쇄rydberg blockade'라고 부르지요.

레이저로 특정 원자를 리드버그 상태로 만들면 그 주변 원자들은 봉쇄 현상 때문에 같은 상태로 들뜨지 못합니다. 이 효과를 이용하면 원자들 사이에 얽힘을 만들 수 있고, 이를 바탕으로 CNOT, SWAP 등 다양한 양자 게이트 연산을 수행합니다. 연산이 끝나면, 다시 레이저를 이용해 원자의 상태를 측정하여 계산 결과를 얻습니다.

중성 원자
양자 컴퓨터의 장점

중성 원자 양자 컴퓨터의 가장 큰 강점은 확장성입니다. 광집게 기술을 이용하면 수백, 수천, 심지어 수만 개의 원자를 한 번에 포획하고 배열할 수 있어, 대규모 양자 컴퓨터 구현에 유리합니다. 실제로 2023년 10월, 미국 기업 아톰 컴퓨팅Atom Computing은 최초로 1,000개 이상의 큐비트를 가진 중성 원자 양자 컴퓨터를 개발했고, 2024년 12월에는 캘리포니아 공과대학교Caltech 연구팀이 6,100개의 원자를 광집게에 포획한 결과를 발표했습니다.[16] 큐비트가 많을수록 복잡한 알고리즘 실행이나 오류 수정 코드 구현이 가능하다는 점에서 이 확장성은 매우 큰 장점입니다.

둘째는 균일성과 안정성입니다. 중성 원자는 자연에 존재하는 동일한 원소이므로, 모든 큐비트가 거의 완벽하게 동일한 특성을 갖습니다. 인위적으로 제작하는 초전도 큐비트와 달리 제조 결함이나 불균일성이 거의 없지요. 또한, 외부 환경과의 상호작용이 적어 결맞음 시간이 수 초에서 수십 초에 이를 수 있습니다. 이는 초전도 큐비트(수십 마이크로초~수 밀리초)에 비해 매우 긴 시간입니다.

셋째는 연결성입니다. 광집게로 원자를 다양한 형태로 배치할 수 있어, 인접한 원자뿐 아니라 멀리 떨어진 원자와도 얽힘을 만들 수 있습니다. 바둑판 배열에서는 앞·뒤·좌·우 4개의 원자와, 삼각형 배열에서는 6개의 원자와 얽힘을 만들 수 있지요. 심지어 연산 도중 원자를 움직여도 양자 상태가 유지된다는 것이 실험적으로 입증되었습니다. 이는 큐비트 간 연결이 제한되는 초전도 방식과 달리, 복잡한 알고리즘을 효율적으로 실행하는 데 큰 강점입니다.

마지막으로, 에너지 효율과 시스템 단순성도 장점입니다. 초전도 큐비트는 극저온 냉각 장치가 필요해 시스템이 크고 복잡하며 에너지 소모가 큽니다. 반면, 중성 원자 방식은 레이저와 광학 장치만으로 큐비트를 제어할 수 있어 훨씬 효율적입니다.

중성 원자 컴퓨터의 단점과 한계

물론 한계도 있습니다. 첫째, 제어의 어려움입니다. 레이저로 원자를 포획하고 리드버그 상태로 만들며 얽힘을 생성하는 과정은 매우 정교한 제어가 필요합니다. 원자가 트랩에서 이탈하거나 이동 중 상태가 흐트러지면 연산 정확도가 떨어질 수 있습니다. 둘째, 속도의 한계입니다. 중성 원자 방식은 초전도 큐비트처럼 나노초 단위의 초고속 연산이 어렵고, 연산 주기가 상대적으로 길 수 있습니다.

현재 개발 상황과 미래 전망

중성 원자 양자 컴퓨터의 개발 속도는 최근 몇 년간 눈에 띄게 빨라지고 있습니다. 2020년대 초반까지만 해도 주로 양자 시뮬레이션에 활용되었지만, 이제는 범용 양자 알고리즘을 실행할 수 있는 게이트 기반 시스템으로 진화하고 있지요. 예를 들어, 미국의 쿠에라QuEra는 256개 이상의 큐비트를 가진 양자 시뮬레이터를 개발한 데 이어, 최근에는 48개의 논리 큐비트를 가진 프로세서를 시연했습니다.[17] 또 다른 미국 기업 아톰 컴퓨팅은 1,180개의 큐비트를 갖춘 시스템을 공개했고, 프랑스의 파스칼Pasqal 역시 200개 이상의 큐비트를 가진 장치를 선보였습니다.

특히 중성 원자 방식은 양자 오류 수정 기술에서도 두각을 나타내고 있습니다. 큐비트를 자유롭게 이동시킬 수 있어 복잡한 오류 수정 코드를 구현하는 데 유리하고, 실제로 쿠에라는 최근 실험에서 임곗값을 넘는 정확도를 달성했습니다.[18] 이는 중성 원자 양자 컴퓨터가 실용화로 나아가는 데 있어 중요한 이정표가 되고 있습니다.

중성 원자 양자 컴퓨터의 미래는 매우 밝습니다. 기술 발전으로 큐비트 수와 연산 정확도가 계속 향상되고 있으며, 오류 수정 기술과 상용화 인프라도 빠르게 성장하고 있습니다. 확장성, 균일성, 안정성, 연결성 면에서 뚜렷한 장점을 가진 만큼 양자 컴퓨팅 시장에서 중요한 축을 담당하게 될 가능성이 큽니다. 초전도 큐비트나 이온 트랩 방식과 경쟁이 치열하겠지만, 중성 원자 방식은 그 특유의 유연성과 효율성으로 차별화된 위치를 확보할 것으로 보입니다.

결국 승부를 가르는 것은 속도가 아니라 완성도입니다. 각 기술의 강점을 살린 긍정적인 경쟁이 양자 컴퓨팅의 발전을 한층 앞당기게 될 것입니다.

자연이 준 큐비트 2, 이온 트랩

자연이 준 큐비트를 활용한 또 하나의 양자 컴퓨터가 있습니다. 바로 이온 트랩Ion Trap 방식입니다. 이온 트랩 양자 컴퓨터는 현재 양자 컴퓨팅 분야에서 가장 주목받는 플랫폼 가운데 하나로, 높은 연산 정확도와 긴 결맞음 시간으로 잘 알려져 있지요. 이번에는 이온 트랩 양자 컴퓨터가 어떤 원리로 작동하는지, 장점과 단점은 무엇인지 그리고 현재 개발 상황과 미래 전망까지 차근차근 살펴보겠습니다.

이온 트랩 양자 컴퓨터의 동작 원리

이온 트랩 양자 컴퓨터는 말 그대로 이온, 즉 양전하를 띤 원자를 전기장으로 만든 '트랩(가두는 공간)'에 포획해 그 하나하나를 양자 정보의 기본 단위인 큐비트로 사용하는 방식입니다. 주로 칼슘Ca, 바륨Ba, 스트론튬Sr, 이트륨Y 등 주기율표 두 번째 세로줄에 속하는 은백색의 단단한 금속인 알칼리 토금속 원자의 이온이 활용됩니다. 이 기술은 1980년대부터 본격적으로 연구되기 시작했으며, 현재는 아이온큐IonQ, 퀀티넘 등 여러 기업에서 개발하고 있습니다.

이온 트랩 양자 컴퓨터를 만들기 위해서는 먼저 이온을 절대영도에 가깝게 냉각하고 전기장에 포획해 이온들의 배열을 형성해야 합니다. 과정은 여러 단계로 이뤄집니다. 먼저 양자 컴퓨팅에 쓸 특정 원소의 원자를 이온화해 전하를 띤 입자로 만듭니다. 이렇게 생성된 이온은 초고진공 상태의 챔버 안으로 투입되며, 챔버는 주변 기체 분자와의 충돌을 막기 위해 대기압의 1조 분의 1 수준까지 진공이 유지됩니다. 이후 이온은 전기장으로 만든 포획장에 갇혀 진공 속에 떠 있게 됩니다. 마치 깔때기 모양의 그릇 속에 이온을 담아둔 것과 비슷하지요. 전기장으로 만든 '그릇'의 깊이는 온도로 환산하면 수천 도에서 수만 도에 달하기 때문에 실온 상태의 이온도 안정적으로 가둘 수 있습니다.

포획된 이온은 여전히 열 에너지를 가지고 빠르게 움직이며, 양자 상태도 뒤섞여 있습니다. 따라서 이를 절대영도에 가깝게 냉각해야 합니다. 가장 먼저, 중성 원자에서 설명한 레이저 냉각을 적용해 온도를 약 1밀리켈빈mK 수준까지 낮춥니다. 이후 사이드밴드 냉각sideband cooling 과정을 추가로 거쳐, 포획장 안에서 이온이 거의 움직이지 않는 상태로 만듭니다. 이때 이온의 미세 진동과 양자 상태를 결합시킨 뒤, 움직임이 큰 이온의 에너지만 선택적으로 제거해 안정된 상태를 유지하게 하는

이온 트랩 양자 컴퓨터의 예.
그림에서 파란 점들 하나하나가 원자 이온이 내뿜는 빛이다.
수십 개의 이온 큐비트들이 전기장에 의해 포획되어 일렬로 정렬하고 있다.
(출처: Christopher Monroe. 2018)

것이지요. 이렇게 되면 외부 환경과의 상호작용이 거의 없어 양자 정보를 오랫동안 저장할 수 있습니다.

이온이 충분히 냉각되면, 전기장 안에서 전하 간 반발력에 의해 여러 개의 이온이 일렬로 배열된 선형 체인을 형성합니다. 이 체인의 각 이온이 하나의 큐비트가 됩니다. 전기장 '그릇'의 깊이와 모양을 조절하면 이온 간 거리를 제어할 수 있습니다. 양전하를 띤 이온끼리는 서로 강하게 밀어내기 때문에 한 이온이 진동하면 인접 이온들이 차례로 영향을 받아 전체 체인이 함께 진동합니다. 이 진동 패턴에 따라 에너지가 달라지는데, 이 진동을 레이저 펄스로 제어하면 큐비트 간 얽힘을 만들 수 있습니다.

이 과정에서 진공 유지, 전기장 안정성, 레이저 정렬 등 매우 정밀한 기술이 필요합니다. 미세한 기체 분자조차 이온의 열운동을 유발할 수 있어, 초고진공 펌프와 특수 챔버가 필수입니다. 전기장의 잡음은 이온 위치를 흔들리게 하므로 고정밀 전원 장치가 필요하고, 레이저는 수 마이크로미터 단위로 정확히 겨냥해야 하기에 방진대 등 진동 억제 장치도 갖춰야 합니다.

이렇게 냉각·배열된 이온의 전자 에너지 상태를 이용해 큐비트의 0과 1을 정의합니다. 보통 바닥 상태를 0, 들뜬 상태를 1로 설정하며, 정밀한 레이저 펄스나 마이크로파로 특정 이온의 상태를 바꾸거나 여러 이온이 함께 움직이는 공진 진동을 유도해 큐비트 간 상호작용을 제어합니다. 큐비트 상태는 이온이 방출하는 빛을 감지해 읽습니다. 특정 상태에서만 빛을 방출하기 때문에 (예를 들어, 1일 때는 빛이 나오고 0일 때는 빛이 나오지 않음) 이를 통해 상태를 정확히 판별할 수 있습니다.

양자 연산(게이트 연산)은 레이저와 마이크로파를 정밀하게 제어해 수행합니다. 예를 들어, CNOT 게이트는 레이저 펄스로 이온을 들뜨게 하거나 이온 간 공진 진동을 이용해 얽힘 상태를 만듭니다.

이온 트랩
양자 컴퓨터의 장점

이온 트랩 방식의 가장 큰 강점은 뛰어난 신뢰성과 긴 결맞음 시간입니다. 이온은 외부 환경과 거의 상호작용하지 않기 때문에 양자 상태를 수 밀리초에서 수 초, 심지어 수십 초 동안도 유지할 수 있습니다. 이는 초전도 큐비트(수십 마이크로초

~수 밀리초)나 중성 원자 큐비트보다 훨씬 긴 시간이지요.

또한, 이온 트랩은 올 투 올 all-to-all 연결성을 제공합니다. 같은 트랩 안의 모든 큐비트가 서로 직접 얽힐 수 있어, 복잡한 양자 알고리즘을 효율적으로 실행할 수 있습니다. 여기에 더해, 단일 큐비트 게이트와 두 큐비트 게이트 모두에서 99.9% 이상의 매우 높은 제어 충실도를 달성할 수 있습니다. 이는 오류 수정 코드를 적용하기 전에도 충분히 신뢰할 수 있는 연산이 가능하다는 의미입니다. 실제로 아이온큐, 퀀티넘 등은 이미 수십 개의 큐비트를 가진 상용 시스템을 구축해 신약 개발, 금융 모델링, 물리 시뮬레이션 등 다양한 분야에 활용하고 있습니다.

이온 트랩은 큐비트를 이동시킬 수 있다는 점도 큰 장점입니다. 전기장을 조절해 트랩 내에서 이온을 옮기더라도 양자 정보가 손실되지 않아 원하는 큐비트 간 연결을 자유롭게 만들 수 있습니다. 또한, 큐비트 상태를 비파괴적으로 측정할 수 있어서 연산 도중에도 정보 손실을 최소화할 수 있습니다.

이온 트랩 양자 컴퓨터의 단점

이온 트랩 양자 컴퓨터도 단점과 한계가 분명히 존재합니다.

첫째, 시스템 복잡성과 유지 관리의 어려움입니다. 초고진공 환경, 정밀한 전기장·자기장 제어, 레이저와 마이크로파 신호의 미세 조정 등 고도의 기술이 필요해 시스템이 크고 비용이 많이 듭니다.

둘째, 확장성의 한계입니다. 큐비트 수가 많아질수록 트랩 구조가 복잡해지고, 넓은 포획장이 필요해지며, 외부 전자기장 잡음과의 싸움도 심해집니다. 일상 속 블루투스, Wi-Fi 신호 같은 전자기파도 이온 포획장의 안정성을 흔드는 요인이 됩니다. 큐비트 수가 늘어나면 이온 간 간섭이 증가해 연산 정확도가 떨어질 수도 있지요. 이러한 점들이 현재 수십 개 이상의 큐비트를 가진 상용 시스템을 구현하는 것이 쉽지 않은 이유입니다.

셋째, 상대적으로 느린 연산 속도와 개별 제어의 어려움입니다. 이온 트랩 방식은 중성 원자와 마찬가지로 레이저와 마이크로파를 이용해 큐비트를 조작하므로, 초전도 큐비트처럼 나노초 단위의 초고속 연산이 어렵습니다. 또한, 이온 간 간격이 약 5~10마이크로미터에 불과해, 각 큐비트를 겨냥하는 레이저를 마이크로미터 수준의 정밀도로 맞춰야 합니다.

현재 개발 상황과 미래 전망

이온 트랩 양자 컴퓨터의 개발은 최근 몇 년간 빠르게 진전되고 있습니다. 아이온큐는 현재 32큐비트 시스템을 운영하고 있으며, 2027년까지 10,000큐비트 이상의 시스템 개발을 목표로 하고 있습니다.[19] 퀀티넘은 56큐비트의 상용 시스템을 선보였으며, 오류 수정 기술과 큐비트 확장 연구에 집중하고 있습니다.[20]

최근에는 큐비트 수를 늘리기 위한 다양한 접근—예를 들어, 분리형 트랩, 모듈형 구조, 광학 네트워크—이 활발히 연구되고 있습니다. 이를 통해 수백 개 이상의 큐비트를 안정적으로 구현하는 것이 목표이며, 학계와 산업계 모두 이 영역에 많은 투자를 하고 있습니다.

이온 트랩 양자 컴퓨터는 전기장과 자기장으로 이온을 가두고, 레이저와 마이크로파로 큐비트를 정밀하게 제어하는 강력한 플랫폼입니다. 기술 발전에 따라 큐비트 수와 연산 정확도는 꾸준히 향상되고 있으며, 오류 수정 기술과 상용화 인프라도 빠르게 성장하고 있습니다. 특히 긴 결맞음 시간과 높은 신뢰성 그리고 뛰어난 연결성은 이온 트랩이 앞으로 양자 컴퓨팅 시장에서 중요한 축을 담당하게 할 가능성을 높입니다. 초전도 큐비트나 중성 원자 큐비트와 경쟁이 치열해지더라도 정확성과 안정성에서의 우위는 이온 트랩만의 차별화 포인트가 될 것입니다.

빛으로 만드는 광자 양자 컴퓨터

광자 양자 컴퓨터는 빛의 입자인 광자를 양자 정보의 기본 단위인 큐비트로 사용하는 양자 컴퓨팅 플랫폼입니다. 지금까지 살펴본 초전도, 중성 원자, 이온 트랩 방식과 달리 이 방식은 언제나, 심지어 말 그대로 빛의 속도로 움직이는 빛을 이용해 양자 정보를 생성·처리·전송합니다. 최근 들어 광기반 양자 컴퓨터는 빠른 속도, 상온 동작, 네트워크 연결 용이성 등의 장점 덕분에 학계와 산업계 모두에서 큰 주목을 받고 있으며, 대규모 상용화에도 한 걸음씩 다가서고 있습니다.

광자 양자 컴퓨터의 작동 원리

광자 양자 컴퓨터의 핵심은 광자를 큐비트로 삼아 정보를 생성하고 연산하며 측정하는 데 있습니니다. 광자 큐비트는 주로 2가지 방식으로 구현됩니다.

이산 변수 Discrete Variable, DV 방식

광자의 편광, 경로, 시간 모드 등 2개의 구별 가능한 상태를 0과 1로 정의해 큐비트로 사용합니다. 예를 들어, 빛의 전기장이 한 방향으로 진동하는 편광 특성을 이용해 수직 편광을 큐비트 0, 수평 편광을 큐비트 1로 정할 수 있습니다. 또 다른 예로, 일부 빛은 통과시키고 일부는 반사시키는 빔 스플리터를 이용해 직진 경로를 0, 반사 경로를 1로 설정할 수도 있습니다.

연속 변수 Continuous Variable, CV 방식

광자의 진폭이나 위상처럼 연속적인 물리량을 양자 정보로 사용합니다. 이 경우 큐비트는 0이나 1뿐 아니라 예를 들어, 위상이라면 0에서 2π

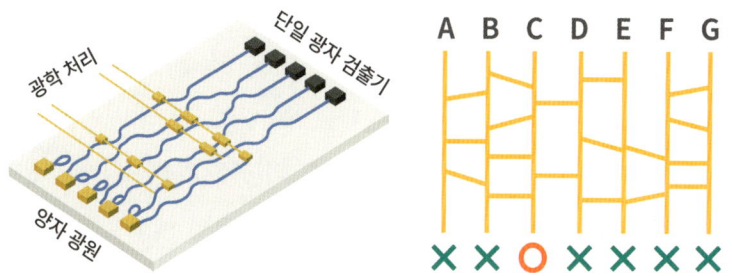

사다리 타기와 유사한 광학 회로.
광자가 지나가는 길을 잘 디자인함으로써 광자의 양자 상태를 제어한다.
(출처: University of California, Santa Barbara The Current 2019)

사이의 어떤 값도 가질 수 있습니다.

이산 변수 방식은 회로 기반 범용 양자 컴퓨팅에, 연속 변수 방식은 측정 기반 양자 컴퓨팅에 강점을 보입니다.

광자 양자 컴퓨터의 구성 요소

광자 양자 컴퓨터의 기본 구성 요소는 크게 3가지입니다. 먼저 일단 광자를 만들어야겠지요? 첫 번째 구성 요소는 '광원'입니다. 이는 단일 광자 또는 다광자 상태를 생성하는 장치로, 불필요한 광자 없이 순수하고 동일한 광자를 안정적으로 공급해야 합니다. 최근에는 양자점quantum dot, 비선형 결정, 통합 광자 칩 등 다양한 기술이 개발되고 있습니다.

두 번째는 '광학 회로interferometer'입니다. 광자 양자 컴퓨터에서 광학 회로는 마치 빛의 고속도로처럼 작동하여 광자를 이용해 양자 정보를 처리합니다. 마치 사다리 타기와 같은데요, 사다리를 따라 내려가면서 여러 길로 이동하는 것처럼, 이 회로는 빛의 경로를 정밀하게 조작해서 이 길을 지나는 광자의 양자 상태를 제어함으로써 양자 연산을 수행하는 핵심 장치입니다. 이러한 광학 회로의 핵심 원리는 양자 간섭과 이를 이용한 얽힘 생성입니다. 양자 간섭의 대표적인 예로 앞서 설명한 홍-오우-만델 효과가 있습니다. 2개의 광자가 빔 스플리터에서 만나면 그 파동 특성에 따라 특정 경로로 함께 이동하는 현상으로, 광자의 양자적 성질이 만들어 내는 전형적인 현상입니다. 이 간섭을 이용해 광자의 경로를 제어하면 중첩 상태를 만들거나 논리 게이트를 구현할 수 있습니다. 이 양자 간섭 현상을 잘 활용해서 광자를 특정 경로와 위상으로 유도하면 여러 광자가 서로의 상태에 의존하는 얽힘 상태가 됩니다. 예를 들어, 빔 스플리터에 두 광자를 동시에 입사하면 '두 광자가 모두 왼쪽으로 갔거나 모두 오른쪽으로 감'과 같은 얽힘 상태를 만들 수 있는 것이지요. 이러한 광학 회로는 빔 스플리터, 빛의 위상을 바꾸어 주는 위상 변이기 등의 선형 광학 소자들과 2개 이상의 광자의 직접적인 상호작용을 만들어 주는 비선형 광학 소자가 모두 활용됩니다.

마지막으로 세 번째 구성 요소는 '광자 검출기 Photodetector'입니다. 이는 광자가 최종적으로 어느 경로에 도달했는지, 어떤 상태로 존재하는지를 측정하는 장치로, 단일 광자 검출의 효율과 정확성이 매우 중요합니다.

광자 양자 컴퓨터는 다양한 양자 알고리즘을 실행할 수 있습니다. 대표적으로 앞서 설명한 특수 목적 양자 컴퓨팅 중 하나인 보존 샘플링 같은 계산에서 양자 우월성을 입증한 바 있으며, 최근에는 범용 양자 컴퓨팅을 위해 클러스터 상태를 활용한 측정 기반 양자 컴퓨팅도 활발히 연구되고 있습니다. 클러스터 상태란, 여러 개의 큐비트가 서로 강하게 얽혀 하나의 거대한 네트워크처럼 연결된 양자 상태를 말합니다. 이 상태에서는 각 큐비트가 독립적으로 존재하는 것이 아니라 전체가 하나처럼 동작하며, 측정 기반 양자 컴퓨팅에서 다양한 연산의 출발점이 됩니다. 측정 기반 양자 컴퓨팅에서는 먼저 여러 광자가 얽힌 클러스터 상태를 준비한 후, 이 중 일부 큐비트들을 순차적으로 측정해 원하는 양자 논리 연산을 수행합니다.

　최근 몇 년 사이, 광자 양자 컴퓨터 분야는 하드웨어와 이론 양쪽 모두에서 큰 진전을 이루고 있습니다. 2025년 기준으로 사이퀀텀PsiQuantum, 자나두Xanadu, 포토닉Photonic, 오르카ORCA, 콴델라Quandela 등 수십 개의 글로벌 스타트업과 연구팀이 광자 기반 양자 컴퓨터 개발에 뛰어들고 있습니다. 사이퀀텀은 100만 큐비트 규모의 범용 광자 양자 컴퓨터를 2027년까지 완성하겠다는 목표를 내세우고, 세계적인 반도체 기업과 협력해 대규모 포토닉 집적회로를 개발 중입니다.[21] 자나두는 2025년 오로라Aurora라는 이름의 프로토타입을 공개하며 35개의 광자 칩을 네트워크로 연결해 클러스터 상태를 생성하고, 실시간 오류 정정과 피드백 시스템을 시연했습니다.[22]

광자 기반 양자 컴퓨터의 장점

　광자 양자 컴퓨터의 가장 큰 장점은 상온에서 동작이 가능하다는 점입니다. 광자는 열이나 전자기 잡음에 거의 영향을 받지 않기 때문에 초전도 큐비트나 중성 원자, 이온 트랩처럼 극저온 환경이 필요하지 않습니다. 이는 시스템의 복잡성과 유지 비용을 크게 줄여 주며, 실용화에 유리한 조건을 제공합니다.

　또한, 광자 큐비트는 장거리 전송에 매우 강합니다. 광섬유나 자유 공간을 통해 수십, 수백 킬로미터 이상 정보를 손실 없이 전송할 수 있어, 양자 네트워크와 양자 인터넷 구축의 핵심 기술로 꼽힙니다. 광자 기반 양자 컴퓨터는 여러 개의 모듈이나 칩을 광섬유로 연결해 대규모 분산형 양자 컴퓨팅 아키텍처를 만들 수 있습니다. 이는 기존의 중앙 집중형 양자 컴퓨터와 달리, 데이터센터처럼 여러 장치를 네트워킹해 확장성을 높일 수 있음을 의미합니다.

광자 양자 컴퓨터 기술은 기존의 광학 기술과 호환성이 높아, 집적화와 대량 생산이 용이한 것도 큰 장점입니다. 최근에는 포토닉 집적회로 Photonic Integrated Circuit, PIC 기술이 발전하면서 수백~수천 개의 광학 소자와 경로를 하나의 칩 위에 집적할 수 있게 되었습니다. 이는 대규모 양자 컴퓨터의 상용화에 결정적인 역할을 할 것으로 기대됩니다.

마지막으로, 광자 양자 컴퓨터는 측정이 간단합니다. 단일 광자 검출기는 이미 상용화되어 있고, 측정 효율도 꾸준히 개선되고 있습니다.

광자 양자 컴퓨터의 단점과 도전

광자 양자 컴퓨터에도 여러 기술적 도전과 한계가 존재합니다. 가장 큰 문제는 고품질의 단일 광자 소스 확보입니다. 양자 컴퓨팅에는 동일한 특성을 가진 광자(파장, 위상, 도달 시간 등)가 필요하지만, 광자 발생은 본질적으로 확률적이어서 완전히 동일한 광자를 대량으로 안정적으로 생성하는 것이 쉽지 않습니다. 최근에는 양자점 기반 소자나 마이크로캐비티 Microcavity 기술로 70% 이상의 효율을 달성했지만, 아직 대규모 상용화에는 추가적인 연구가 필요합니다.

또 다른 한계는 광자 손실과 위상 노이즈입니다. 광자는 물질과의 상호작용이 약해 외부 환경 노이즈에 강하지만, 광학 회로나 광섬유 내에서 손실이 발생하면 정보가 사라질 수 있습니다. 광자를 측정할 때도 광자 손실이 발생할 수 있습니다. 이러한 광자의 손실은 양자 오류 수정의 난도를 높이고, 대규모 시스템 확장에 장애가 됩니다. 최근에는 광자 손실에 강한 양자 오류 정정 코드와 고효율 검출기 개발이 활발히 이뤄지고 있지만, 여전히 중요한 연구 과제입니다.

또한, 광자 양자 컴퓨터는 큐비트 간의 직접 상호작용이 어렵다는 물리적 한계가 있습니다. 우리가 빛으로 정보를 전달하는 이유는 빛이 그 누구와도 상호작용을 잘 하지 않기 때문입니다. 덕분에 먼 거리를 이동해도 정보를 저장하고 있는 빛의 상태가 변하지 않는 것이지요. 하지만 컴퓨터에서 예를 들어, 2큐비트 게이트를 만드는 경우에는 상호작용이 꼭 필요합니다. 따라서 광자로 회로 기반 양자 컴퓨터를 만드는 경우, 광자 간의 상호작용을 만들기 위해 복잡한 광학 회로나 비선형 소자가 필요하고, 이로 인해 연산의 확률적 성공률이 낮아지게 됩니다. 대규모 연산을 위해서는 다수의 광자와 복잡한 피드백 시스템이 요구되지요.

마지막으로, 측정 기반 양자 컴퓨팅이나 클러스터 상태 생성 등에서 대규모 얽힘 상태를 안정적으로 만들고 유지하는 것도 기술적으로 도전적인 과제입니다. 얽힘 상태를 생성하는 과정에서 광자 손실, 위상 불일치, 검출 오류 등이 누적될 수 있기 때문입니다. 최근에는 실시간 피드백, 다중 모드 클러스터 상태, 고효율 검출기 등 다양한 기술적 돌파구가 제시되고 있습니다.

광자 양자 컴퓨터가 이끄는 미래

광자 양자 컴퓨터는 빛의 특성을 최대한 활용해 상온 동작, 빠른 연산, 장거리 전송, 네트워킹 용이성, 집적화 가능성 등 다양한 장점을 바탕으로 차세대 양자 컴퓨팅의 유력한 후보로 부상하고 있습니다. 아직까지는 고품질 광자 소스, 손실 최소화, 오류 정정, 대규모 얽힘 상태 생성 등 기술적 과제가 남아 있지만, 최근의 연구 성과와 투자, 글로벌 협력의 확대로 빠르게 한계를 극복해 나가고 있습니다. 2020년대 후반에는 수천~수만 큐비트 규모의 상용 광자 양자 컴퓨터가 등장할 것으로 기대되며, 이는 과학, 산업, 사회 전반에 혁신적인 변화를 가져올 것입니다.

양자 컴퓨팅, 다음 세대의 도전자들

양자 컴퓨터의 실용화와 확장 가능성을 높이기 위해 초전도 큐비트, 중성 원자, 이온 트랩 그리고 광자 방식 외에도 여러 새로운 시스템들이 활발히 개발되고 있습니다. 그 이유는 간단합니다. 각 기술이 저마다 강점을 지니고 있지만, 동시에 고유한 한계도 있기 때문입니다. 예를 들어, 초전도 큐비트는 빠른 연산 속도와 높은 집적화에 강점이 있지만 극저온 환경이 필수입니다. 이온 트랩은 긴 결맞음 시간과 높은 정확도를 자랑하지만, 시스템을 크게 확장하기가 쉽지 않습니다. 광자 기반은 대규모 확장, 상온 동작 그리고 빠른 정보 전송이 가능하지만, 큐비트 간의 상호작용을 구현하는 것이 어렵습니다. 중성 원자는 확장성과 다양한 양자 연산 구현에 유리하지만, 정밀한 제어가 복잡하다는 단점이 있습니다.

이처럼 한 가지 방식이 모든 문제를 해결하기는 어렵습니다. 그래서 연구자들은 각 기술의 약점을 보완하고, 더 다양한 응용 분야에 맞춘 최적의 양자 컴퓨터를 만들기 위해 새로운 물리적 플랫폼을 탐구하고 있습니다. 현재 주목받는 주요 시스템으로는 반도체 양자점, 위상 큐비트 topological qubit, 분자 큐비트 molecular qubit 등이 있습니다. 이제 앞으로 양자 컴퓨팅의 판도를 바꿀지도 모르는 이 새로운 도전자들을 하나씩 살펴보겠습니다.

우리가 반도체는 좀 잘 알지! : 반도체 양자 컴퓨터

반도체 양자 컴퓨터는 우리가 익숙하게 알고 있는 기존 반도체 기술을 기반으로 양자 컴퓨팅을 구현하는 방식입니다. 이때 양자점이라는 반도체 구조를 이용해 큐비트를 만드는데, 양자점은 '인공 원자'라고도 불립니다. 쉽게 말해, 반도체 속에 나노미터(10억 분의 1미터) 크기의 아주 작은 우물을 파놓았다고 상상해 보세요. 이 안에 전자가 갇히면, 마치 원자 속에 전자가 자리 잡듯이 그 안에서만 머물게 되고, 전자의 에너지는 연속이 아닌 띄엄띄엄 존재하게 됩니다.

이렇게 생긴 전자의 여러 에너지 상태 중 2가지를 골라 각각 큐비트의 0과 1로 정할 수 있습니다. 또는 전자의 고유한 성질인 스핀 spin을 이용해, 스핀이 위쪽을 향하면 0, 아래쪽을 향하면 1로 설정하는 방식도 있습니다. 이런 원리로 양자 정보를 저장하고 처리하는 것이 바로 반도체 양자 컴퓨터의 기본 구조입니다. 그리고 이 양자점을 반도체 기판 위에 여러 개 배치해 하나의 양자 컴퓨터를 만들어 냅니다.

반도체 양자 컴퓨터의 작동은 매우 정밀한 전기적 제어를 기반으로 합니다. 기판 위에 배치된 미세 전극을 통해, 양자점 속 전자의 위치와 상태를 세밀하게 조절하는 것이지요. 어떤 전극은 양자점 안의 전자 개수를 제어하고, 또 다른 전극은 전자가 두 양자점 사이를 터널링할 수 있는 확률을 조절합니다. 즉, 전자가 장벽을 넘어 다른 양자점으로 이동할 수 있도록 돕는 역할입니다. 이렇게 전압을 섬세하게 조정해 전자의 양자 상태를 제어하고, 서로 다른 양자점에 있는 전자들끼리 상호작용을 일으켜 '얽힘' 상태를 만들면 양자 게이트 연산이 가능합니다. 또한, 마이크로파 신호를 이용해 전자의 스핀 상태를 바꾸거나 읽어내며 양자 연산과 측정을 수행합니다.

이 기술의 가장 큰 장점은 기존 반도체 제조 공정을 그대로 활용할 수 있다는 점입니다. 실리콘 기반 반도체 산업은 이미 전 세계적으로 대량 생산 기술이 극도로 발달해 있으므로, 이를 이용하면 큐비트의 대규모 집적과 생산이 상대적으로 용이합니다. 게다가 반도체 큐비트는 크기가 작고, 전자기파를 이용한 제어가 가능해 기존 전자 장치와의 통합성이 뛰어납니다. 이 덕분에 반도체 양자 컴퓨터는 미래에 고성능 양자 프로세서를 대량 생산하는 데 유리한 플랫폼으로 꼽힙니다.

물론 단점도 있습니다. 반도체 양자점 큐비트는 아직 다른 방식에 비해 결맞음 시간이 짧은 편입니다. 즉, 양자 정보를 오래 유지하기 어렵다는 뜻으로, 복잡한 양자 연산에는 한계가 있을 수 있습니다. 또, 전기적 잡음이나 소재의 미세한 불균일성으로 큐비트 제어와 분리가 까다

큐텍, 델프트 공과대학교 협력 실험실 사진.
반도체 양자점 기반 양자 컴퓨터를 개발하고 있다.
(출처: Guus Schoonewille Courtesy of QuTech)

롭고, 큐비트 간 상호작용을 정밀하게 조절하려면 높은 기술력이 필요합니다. 양자점이 많아질수록 각 양자점의 특성 차이로 인한 비균일성 문제도 대규모 확장의 걸림돌이 됩니다.

현재 반도체 양자 컴퓨터는 전 세계적으로 활발히 연구되고 있습니다. 예를 들어, 세계적인 반도체 기업 인텔Intel은 실리콘 기반 양자점 큐비트 연구에 집중하며, CMOS 공정을 활용한 12큐비트 시스템을 개발하는 데 성공했습니다. 또, 큐텍QuTech은 네덜란드 델프트 공과대학교와 협력해 6개 이상의 큐비트 제어에 성공했습니다.

잡음? 나는 끄떡없어: 위상 큐비트 양자 컴퓨터

위상 큐비트 양자 컴퓨터는 양자 컴퓨팅의 미래를 바꿀지도 모르는 혁신적인 기술로 주목받고 있습니다. 이 방식은 초전도, 이온 트랩, 반도체, 광자 등 기존의 여러 큐비트 방식이 겪는 불안정성과 오류 문제를 근본적으로 해결하려는 새로운 패러다임이지요. 이름만 들어서는 감이 잘 오지 않지만, 위상 큐비트의 가장 큰 특징은 정보가 물리적 상태가 아니라 '위상적 topological 특성', 즉 입자들의 꼬임과 같은 공간적 구조에 저장된다는 점입니다.

위상 큐비트를 이해하려면 먼저 '위상'이라는 개념부터 살펴봐야 합니다. 위상이란, 물체의 모양이 변해도 구멍의 수나 매듭의 연결 상태처럼 본질적인 특성은 변하지 않는 것을 말합니다. 예를 들어, 구는 매끄럽고 구멍이 없지만, 도넛은 가운데에 구멍이 하나 있지요. 컵 역시 손잡이 부분이 있어 도넛과 마찬가지로 구멍이 하나입니다. 구와 컵은 위상적으로 다르지만, 컵과 도넛은 구멍의 개수가 같으니 위상적으로 같습니다. 즉, 위상은 세부 모양이 아니라 구조의 본질을 보는 수학적 개념입니다.

위상 큐비트의 '위상'은 이를 조금 변형한 개념으로, '꼬임'이나 '매듭'에 비유할 수 있습니다. 신발끈 매듭에서 중요한 것은 끈이 어떤 모양으로 꼬여 있느냐인데, 위상 큐비트에서는 양자 입자들이 공간에서 어떤 경로로 움직이며, 서로 어떻게 얽혀 있는지가 정보의 핵심이 됩니다. 정보는 입자 하나하나의 상태가 아니라, 여러 입자가 함께 만들어 내는 전체적인 꼬임의 패턴, 즉 위상적 구조에 저장됩니다. 그리고 이 꼬임을 만드는 순서와 방식이 논리 게이트의 역할을 합니다.

이러한 위상적 구조는 실을 살짝 당기거나 흔들어도 쉽게 풀리지 않는 매듭처럼, 외부 환경의 작은 방해에도 잘 변하지 않습니다. 덕분에 정보가 오랫동안 안정적으로 보존되고, 잡음이나 오류에도 강합니다. 기존 양자 컴퓨터는 오류를 줄이기 위해 수백~수천 개의 물리적 큐비트를 묶어 하나의 논리 큐비트를 만들어야 했기에, 대규모 시스템 구현이 어렵고 비용도 많이 들었습니다. 반면 위상 큐비트는 오류율이 획기적으로 낮아 오류 보정에 필요한 큐비트 수를 크게 줄일 수 있습니다.

이로 인해 위상 큐비트는 효율성에서도 장점이 큽니다. 오류 보정에 드는 자원이 줄어들면, 적은 수의 큐비트로도 대규모 양자 컴퓨터를 만들 수 있고, 위상적 연산은 꼬임의 순서에만 의존하므로 연산 신뢰도가 높습니다. 동일한 논리 연산을 반복할 때도 안정성이 유지되며, 이론적으로는 기존 게이트 기반 양자 컴퓨터와 동등한 범용성을 가집니다. 즉, 어떤 양자 알고리즘이든 위상 큐비트로 구현이 가능하다는 뜻입니다.

하지만 도전 과제도 있습니다. 무엇보다 만들기가 매우 어렵다는 점입니다. 위상 큐비트의 기반이 되는 입자는 '애니온 anyon', 특히 '비가환 Non-Abelian 애니온'이나 '마요라나 페르미온 Majorana Fermion'이라 불리는 특수 준입자들은 극저온의 초전도체, 강한 자기장, 특수 반도체 나노와이어 등 극한의 실험 환경에서만 생성할 수 있습니다. 따라서 안정적으로 만들고 제어하는 것은 여전히 세계적인 난제입니다. 또한, 이론적으로는 오류에 강하지만, 실제 실험에서는 미세한 잡음이나 제어 불완전성이 여전히 문제이며, 위상 상태를 유지하려면 애니온들이 충분히 멀리 떨

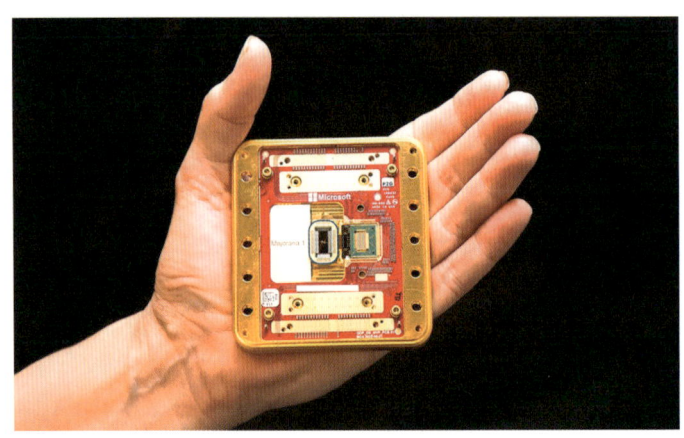

마이크로소프트가 2025년 공개한
위상 큐비트 기반 양자 프로세서 '마요라나 1(Majorana 1)' 칩.
(출처: Microsoft, John Brecher / Courtesy of Microsoft)

어져 있어야 하기 때문에 정밀한 이동 제어 기술도 필수입니다.

현재 위상 큐비트 연구는 미국, 유럽, 중국 등 주요 연구기관과 대형 IT 기업들이 이끌고 있습니다. 대표적으로 마이크로소프트는 '스테이션 Q$_{Station\ Q}$' 프로젝트를 통해 위상 큐비트 개발에 막대한 투자를 진행하며, 2025년에는 자체 개발한 칩 '마요라나 1$_{Majorana\ 1}$'을 공개했습니다.[23] 이 연구는 위상 큐비트 상용화 가능성을 크게 높였다는 평가를 받았지만, 마요라나 입자의 실험적 증명과 대규모 연산 성능 검증이 필요하다는 것이 학계의 공통된 시각입니다. 최근에는 퀀티니움$_{Quantinuum}$, 하버드대학교, 캘리포니아 공과대학교 연구진이 이온 트랩 기반 시스템에서 위상 큐비트를 실험적으로 구현했다고 발표하는 등 다양한 플랫폼에서

위상 큐비트 연구가 활발히 이어지고 있습니다.[24]

원자의 한계를 넘어: 분자 큐비트 양자 컴퓨터

분자 큐비트는 말 그대로 분자 하나를 양자 정보의 기본 단위인 큐비트로 활용하는 새로운 접근법입니다. 앞서 중성 원자를 큐비트로 사용하는 양자 컴퓨터를 설명드렸지요? 분자 큐비트는 원자를 분자로 바꾼 개념입니다. 특히 가장 단순한 형태의 분자, 즉 원자 2개가 결합한 이원자 분자를 큐비트로 사용합니다.

원자는 하나의 둥근 구로 생각할 수 있지만, 이원자 분자는 2개의 원자가 붙어 있어 훨씬 더 다양한 양자 에너지 상태를 가집니다. 대표적인 예는, 두 원자가 마치 스프링처럼 서로 진동하는 상태와 두 원자가 함께 빙글빙글 회전하는 상태입니다. 이러한 상태들은 원자에는 없는, 분자만의 고유한 양자 상태입니다. 분자 큐비트 양자 컴퓨터는 이 같은 분자 고유의 양자 상태와 전자 스핀, 핵 스핀, 전자 구조가 어우러져 만들어지는 다양한 상태를 활용해 양자 정보를 저장하고 처리합니다.

또한, 분자 사이에는 전기 쌍극자 상호작용이 존재해 양자 얽힘을 만들기가 용이합니다. 이처럼 다양한 상태와 상호작용을 활용할 수 있다는 것은, 마치 버튼이 더 많은 정밀 기계를 다루는 것과 같습니다. 더 세밀하고 복잡한 제어가 가능해지는 것이지요. 이 때문에 분자 양자 컴퓨터는 기존 방식보다 유연하고 정교하며 확장성까지 기대되는 차세대 양자 컴퓨팅 플랫폼으로 주목받고 있습니다.

분자 기반 양자 컴퓨터에서는 주로 분자의 회전 상태를 이용해 큐비트의 0과 1을 정의합니다. 바닥 회전 상태를 0, 들뜬 회전 상태를 1로 정합니다. 이 회전 상태는 수명이 길어서 수백 밀리초 이상 양자 상태를 안정적으로 유지할 수 있습니다. 게다가 분자에 따라 수 GHz에서 수십 GHz 범위의 마이크로파 전기 신호로 직접 제어가 가능합니다.

분자 큐비트의 얽힘은 전기 쌍극자 상호작용으로 구현됩니다. 특이한 점은 두 큐비트가 모두 0 상태이거나 모두 1 상태일 때는 전기 쌍극자 상호작용이 0이 된다는 것입니다. 하지만 한쪽은 0, 다른 쪽은 1일 때 상호작용이 발생합니다. 심지어 분자의 상태를 정밀 제어하면 서로 밀어내거나 당기는 힘까지 조절할 수 있습니다. 이런 성질은 다양한 양자 연산을 설계하는 기반이 됩니다.

분자 큐비트의 가장 큰 장점 중 하나는 연산 설계의 유연성입니다. 예를 들어, 회전 상태를 이용해 연산을 수행한 뒤, 더 수명이 긴 핵 스핀 상태에 정보를 저장하는 방식이 가능합니다. 전기 쌍극자 상호작용의 방향과 크기도 분자 상태로 제어할 수 있어, 척력·인력 여부까지 마음대로 설계할 수 있습니다. 더 나아가 전자 스핀, 핵 스핀, 전자 상태를 조합해 다중 상태(큐디트, qudit)로 확장하면, 한 분자가 여러 큐비트 역할을 할 수도 있습니다. 이러한 구조는 양자 오류 정정에도 유리합니다. 분자 큐비트 구현은 중성 원자 방식과 유사합니다. 먼저, 분자 상태를 오래 유지하려면 절대영도 수준으로 냉각해야 합니다. 이를 위한 방법은 크게 2가지입니다.

첫 번째는 절대영도로 냉각한 두 원자를 '결합'시키기입니다. 원자

2개를 붙이면 결합 에너지가 남는데, 이 에너지가 열로 바뀌면 냉각 효과가 사라집니다. 따라서 레이저로 남는 에너지를 빼내는 과정이 필요합니다.

두 번째 방법은 분자를 직접 레이저 냉각하기입니다. 하지만 분자의 진동·회전 상태는 오히려 냉각을 방해할 수 있습니다. 광자를 여러 번 맞으면 다른 상태로 변해 더 이상 광자를 흡수하지 않는 '투명' 상태가 되기 때문입니다. 이를 해결하려면 변화된 상태에도 맞출 수 있는 여러 파장의 레이저를 준비해야 합니다.

냉각이 끝나면, 중성 원자 양자 컴퓨터와 마찬가지로 광집게로 분자를 포획하고 양자 상태를 제어할 수 있습니다. 분자 큐비트의 가장 큰 난제는 극저온 냉각의 어려움입니다. 복잡한 에너지 구조를 이해하고 레이저 기술을 정밀하게 적용해야 하므로, 진입 장벽이 높습니다. 또한 분자는 주변 환경에 매우 민감합니다. 온도, 자기장, 화학적 잡음 등으로 결맞음 시간이 짧아질 수 있고, 큐비트 수가 늘어나면 환경 제어가 훨씬 까다로워집니다.

그럼에도 최근 연구 성과는 고무적입니다. 하버드대학교 연구진은 극저온 극성 분자를 포획해 두 분자의 양자 얽힘을 만들고 양자 연산을 수행하는 데 성공했습니다.[25] 또한 콜롬비아대학교 연구진은 약 200개의 분자를 이용해 양자 기체 상태(보즈-아인슈타인 응축, Bose–Einstein condensation)를 구현하며, 분자 기반 양자 시뮬레이션의 가능성을 보여주었습니다.[26]

아직 대규모 상용화까지는 기술적 과제가 많지만, 분자 큐비트는

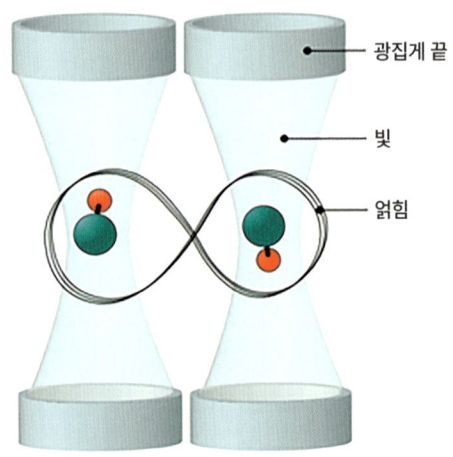

분자를 이용한 양자 컴퓨팅 개요도.
(출처: Courtesy of Harvard Gazette, Grace DuVal / A. Smerze,
Science 382, 1118-1119 (2023))

양자 컴퓨팅의 미래를 더 다양하고 풍부하게 확장시킬 핵심 연구 분야로 자리매김하고 있습니다.

이처럼 다양한 양자 컴퓨팅 플랫폼의 도전은 마치 서로 다른 악기가 모여 한 곡을 완성하듯, 각기 다른 장점과 개성을 살려 미래의 양자 컴퓨터라는 거대한 합주를 향해 나아가고 있습니다. 결국, 어떤 방식이 최후의 승자가 될지는 모르지만, 그 여정은 이미 양자 기술의 지평을 넓히고 있습니다.

깨지지 않을 암호는 없다? 암호 해독

양자 컴퓨터의 활용 분야를 이야기할 때, 누구나 가장 먼저 떠올리는 것은 암호일 것입니다. 그 이유는 현재의 암호화 기술이 수학적으로 '풀기 어려운 문제'에 안전성을 의존하고 있기 때문입니다. 그런데 양자 컴퓨터는 이 '풀기 어려운 문제'를 근본적으로 뒤흔들 잠재력을 지니고 있습니다. 만약 양자 컴퓨터가 기존 암호를 손쉽게 해독하게 된다면 그 여파는 실로 막대할 것입니다. 오늘날 우리가 이용하는 인터넷 뱅킹, 메신저, 전자상거래 등 거의 모든 디지털 서비스가 암호화 기술을 바탕으로 하고 있으니, 양자 컴퓨터의 등장은 정보사회와 보안 체계에 혁명적 변화를 불러올 수 있습니다. 여기에서는 먼저 암호의 기본 원리부터 양자 컴퓨터가 암호 분야에서 어떻게 활약할 수 있는지 살펴보겠습니다.

우리가 쓰는 암호의 원리

현재 널리 사용되는 암호 방식은 크게 2가지로 나뉩니다. 첫째는 대칭키 암호(예: AES)로, 송신자와 수신자가 같은 비밀키를 공유해 데이터를 암호화하고 해독합니다. 둘째는 비대칭키 암호(예: RSA, ECC)로, 공개키와 개인키라는 서로 다른 2개의 키를 사용하는 방식입니다. 이 방식에서는 암호화와 복호화에 각각 다른 키를 사용하기 때문에 '비대칭'이라고 부릅니다.

공개키는 누구에게나 공개할 수 있지만, 개인키는 오직 본인만 안전하게 보관합니다. 예를 들어, A가 B에게 비밀 메시지를 보내고 싶다면 B의 공개키로 메시지를 암호화합니다. 이렇게 만들어진 암호문은 B의 개인키 없이는 절대 풀 수 없습니다. 따라서 중간에서 누군가가 메시지를 가로채더라도, 개인키를 모르면 내용을 알아낼 수 없습니다. B는 자신의 개인키로만 이 메시지를 복호화할 수 있으므로, 안전하게 비밀을 주고받을 수 있는 것이지요.

비대칭키 암호는 주로 2가지 용도로 쓰입니다. 첫째는 위와 같이 비밀 메시지를 안전하게 전달하는 경우이고, 둘째는 전자서명을 통해 '누가 보냈는지' 신원을 증명하는 경우입니다. 전자서명의 경우, 발신자가 자신의 개인키로 메시지에 서명하면 누구든 공개키로 그 서명의 진위를 확인할 수 있습니다. 이러한 특성 덕분에 비대칭키 암호는 인터넷 뱅킹, 메신저, 블록체인 등 다양한 분야에서 널리 사용됩니다. 대칭키 암호에 비해 계산은 복잡하지만, 키를 안전하게 교환할 수 있다는 큰 장점이 있습니다.

이 중 RSA와 ECC 같은 방식은 소인수분해나 이산대수처럼 풀기 어려운 수학 문제를 기반으로 합니다. 소인수분해란, 어떤 수를 더 이상 나눌 수 없는 작은 수(소수)들의 곱으로 나타내는 것을 말합니다. 소수란, 1과 자기 자신으로만 나눌 수 있는 수로 2, 3, 5, 7, 11 등이 있습니다.

예를 들어, 20을 생각해 봅시다. 20은 2로 나눌 수 있으니 20÷2=10, 10도 2로 나눌 수 있으니 10÷2=5가 됩니다. 5는 더 이상 1과 자기 자신 이외의 수로 나눌 수 없는 소수입니다. 따라서 20은 2×2×5로 쪼갤 수 있습니다. 이렇게 어떤 숫자를 소수들의 곱으로 표현하는 것이 소인수분해입니다.

하지만 소인수분해는 의외로 어려운 계산입니다. 예를 들어, 221을 생각해 보세요. 어떤 소수들의 곱인지 바로 떠오르시나요? 아마 쉽지 않을 것입니다. 그러나 13×17을 계산해 보면 221이 금방 나옵니다. 곱하기는 쉽지만, 거꾸로 소인수분해는 매우 어렵습니다. 게다가 숫자가 커질수록 그 난도는 폭발적으로 증가해 슈퍼컴퓨터로도 수십억 년이 걸릴 정도가 됩니다. 이처럼 풀기 어려운 성질을 이용해 암호를 만들면, 현실적으로 해독이 불가능한 강력한 암호 체계를 구축할 수 있습니다.

게임 체인저, 소인수분해 천재 양자 컴퓨터의 등장

양자 컴퓨터는 기존의 비트 대신 큐비트를 사용하고, 중첩과 얽힘이라는 양자 역학적 성질을 이용해 고전 컴퓨터로는 엄두도 못 낼 방대한 연산을 병렬로 처리할 수 있습니다. 그중에서도 양자 컴퓨터가 특히 뛰어난 성능을 발휘하는 분야가 바로 소인수분해입니다.

양자 컴퓨터가 문제를 해결하는 방식을 양자 알고리즘이라고 부르며, 그중 가장 유명한 것이 바로 1994년 MIT의 피터 쇼어 Peter Shor 교수가 제안한 쇼어 알고리즘 Shor's Algorithm 입니다. 이 알고리즘은 큰 수의 소인수분해를 기존 방식보다 훨씬 빠르게 처리할 수 있는 혁신적인 방법입니다.

작동 원리를 간단히 살펴보면, 먼저 해독하고자 하는 큰 수 N을 입력값으로 설정한 뒤, 큐비트를 중첩 상태로 초기화해 병렬 연산을 준비합니다. 그다음 큐비트의 중첩 상태에서 주기성을 빠르게 찾아내는 양자 알고리즘인 양자 푸리에 변환 Quantum Fourier Transform, QFT 을 사용해 N과 관련된 특정 수의 주기성 periodicity 을 빠르게 찾아냅니다. 이 과정에서 양자 얽힘과 중첩이 적극적으로 활용됩니다.

고전 컴퓨터는 한 번에 하나의 값만 계산할 수 있지만, 양자 컴퓨터는 큐비트의 중첩과 병렬성 덕분에 수많은 값을 동시에 계산해 주기성을 효율적으로 탐색할 수 있습니다. 주기를 찾고 나면, 고전적인 수학 연산을 통해 그 주기를 바탕으로 N의 소인수를 빠르게 계산할 수 있습니다.

예를 들어, 소인수분해 기반의 2,048비트 RSA 암호를 고전 컴퓨터로 풀려면 수백만~수십억 년이 걸리지만, 충분한 큐비트와 안정성을 갖춘 양자 컴퓨터라면 단 몇 시간 혹은 그 이하로도 계산을 끝낼 수 있습니다. 실제로 최근 중국 상하이대학교 연구팀은 디웨이브 양자 컴퓨터를 이용해 22비트와 50비트 RSA 정수의 소인수분해에 성공하며, 양자 컴퓨팅 기반 암호 해독의 실험적 가능성을 보여주었습니다.[27]

암호 해독에 필요한 양자 컴퓨터의 스펙

현재 상용화된 양자 컴퓨터의 큐비트 수와 안정성은 아직 대규모 암호 해독을 수행하기에는 충분하지 않습니다. 예를 들어, 2,048비트 RSA 암호를 해독할 수 있는 양자 컴퓨터를 만들기 위해서는 지금 우리가 상상하는 것보다 훨씬 더 많은 자원과 높은 성능이 필요합니다.

최근 구글 퀀텀 AI 팀과 여러 연구진이 분석한 결과에 따르면, 쇼어 알고리즘을 효율적으로 실행하려면 약 4,100개의 논리 큐비트가 필요합니다.[28] 그런데 실제 물리 큐비트로 환산하면 약 100만 개에 달하는데요, 이는 양자 오류 정정 기술 때문입니다. 물리 큐비트는 작은 오류에도 취약하기 때문에 표면 코드 방식으로 오류를 수정하면 논리 큐비트 하나를 안정적으로 운용하기 위해 수백 개의 물리 큐비트가 필요하게 됩니다. 이 정도 규모의 양자 컴퓨터가 완성된다면 2,048비트 RSA 암호를 해독하는 데 걸리는 시간은 약 5일로 추정됩니다. 단, 이를 가능하게 하려면 다음과 같은 조건이 충족되어야 합니다.

- 각 큐비트의 연산 속도가 1마이크로초(100만 분의 1초) 이하일 것
- 게이트 오류율이 0.1% 미만일 것

- 수십억 번에 달하는 복잡한 양자 연산을 연속적으로 수행할 수 있을 것
- 극저온 환경에서 안정적인 운용이 가능할 것
- 큐비트를 효율적으로 배치하고, 연산에 참여하지 않는 큐비트는 안정적인 대기 상태로 유지할 것

2025년 기준 전 세계에서 가장 앞선 양자 컴퓨터도 수백~수천 개 큐비트 수준에 머물러 있으며, 게이트 오류율 역시 0.1~1% 수준에 불과합니다. 따라서 2,048비트 RSA를 실질적으로 해독할 수 있는 수준까지는 아직 상당한 기술적 격차가 존재합니다. 게다가 5일 동안 시스템 전체가 안정적으로 동작해야 하므로, 신뢰성과 내구성 역시 중요한 과제로 남아 있습니다.

전문가들의 전망은 다소 차이가 있습니다. 빠르면 5년 이내, 늦으면 30년 후에 가능하다는 의견까지 있지만, 대체로 2030년대 중반 이후에는 100만 큐비트급 양자 컴퓨터가 등장할 것으로 기대되고 있습니다. 이를 대비해 미국 국립표준기술연구소 NIST 등은 이미 양자 내성 암호 Post-Quantum Cryptography 표준화를 추진 중이며, 2030년까지는 기존 RSA와 같은 공개키 암호에서 양자 내성 암호로 전환할 것을 권고하고 있습니다.

결론적으로, 2,048비트 RSA 암호를 깨기 위해서는 약 100만 개의 물리 큐비트, 4,100개의 논리 큐비트, 0.1% 미만의 오류율, 1마이크로초 이하의 연산 속도 그리고 수십 메가와트시 MWh 에 달하는 에너지 소모 등 매우 높은 기술적 조건이 필요합니다. 이런 수준의 시스템이 실현되

기까지는 시간이 남아 있지만, 최근 눈에 띄게 빨라지고 있는 양자 컴퓨팅 기술 발전 속도를 고려하면 미리 대비하는 것이 현명하겠지요. 양자 컴퓨터에 대항하기 위한 새로운 암호 체계에 대해서는 뒤에서 설명하도록 하겠습니다.

구분	요구 사양
물리 큐비트	~1,000,000개
논리 큐비트	~4,100개
소요 시간	5일(연속 운영)
게이트 오류율	& 0.1%
에너지 소비	~30MWh per key
실현 가능 시기	2030년대 중반 이후

RSA-2048 해독을 위한 양자 컴퓨터 사양.[28]

창이 있으면 방패도 있다

저는 지금 부산으로 출장을 가는 길입니다. 오늘 아침, 눈을 뜨자마자 스마트폰으로 날씨를 확인하고 아침 식사를 마친 뒤, GPS를 켜고 운전해 아이들을 등원시켰습니다. 이후 지하철을 타고 서울역으로 이동하며 학생들과 메신저로 대화를 나누고, 앱으로 커피를 미리 주문했지요. 서울역에 도착해 주문한 커피를 받아 들고, KTX 앱에서 미리 구매한 표를 이용해 열차에 탑승했습니다. 짧게는 3시간 남짓한 이 시간 동안, 제 스마트폰은 수많은 데이터를 주고받았습니다. 이렇게 우리는 일상 속에서 인터넷 뱅킹, 메신저, 클라우드 서비스 등 다양한 디지털 도구를 사용하고 있으며, 이 모든 서비스는 '암호 기술'에 의해 안전하게 보호되고 있습니다. 그런데 컴퓨터 기술이 고도화되고, 특히 강력한 성능의 양자 컴퓨터가 개발될 가능성이 커지면서, 기존 암호 기술의 안전성에 대한 우려가 점점 커지고 있습니다.

현대 암호 시스템의 대부분은 '매우 어려운 수학 문제'를 기반으로 합니다. 예를 들어, 오늘날 널리 쓰이는 공개키 암호 방식(RSA, ECC 등)은 거대한 수를 소인수분해하거나 특정 수학적 문제를 푸는 데 사실상 '엄청난 시간'이 필요하다는 점에 의존합니다. 이론적으로 누군가 이 문제를 빠르게 풀 수 있다면 암호 체계는 순식간에 무너질 수 있지요.

즉, 현존하는 암호는 '계산이 어렵다=안전하다'는 전제 위에 서 있습니다. 하지만 앞서 살펴본 것처럼 양자 컴퓨터가 등장하면 이야기는 달라집니다. 양자 컴퓨터는 기존 컴퓨터와는 비교할 수 없는 병렬 계산 능력을 지니고 있으며, 특히 '쇼어 알고리즘' 같은 양자 알고리즘은 RSA 같은 암호 체계를 단시간에 해독할 수 있도록 만듭니다.

만약 양자 컴퓨터가 실용화된다면, 현재의 인터넷 보안 시스템은 근본적으로 재설계되어야 합니다. 이 말은 곧, 새로운 보안 기술과 암호화 방식이 반드시 필요하다는 뜻이지요. 이를 대비해 현재 크게 2가지 방향의 연구가 활발히 진행되고 있습니다. 하나는 '양자 암호Quantum Cryptography' 그리고 다른 하나는 '양자 내성 암호'입니다.

창도 양자, 방패도 양자

양자 컴퓨터가 기존 암호를 위협한다면, 그 방패 역시 양자 역학을 이용해 만들 수 있지 않을까요? 양자 암호는 복잡한 계산 문제를 푸는 대신, 자연의 물리 법칙—특히 양자 역학—에 기반해 정보를 보호하는 기술입니다. 그 대표적인 예가 양자 키 분배입니다. 양자 키 분배는 두 사람이 암호키를 절대적으로 안전하게 공유할 수 있도록 해 주는 기술로, 도청이 불가능한 '비밀키'를 만드는 것을 목표로 합니다. 이 과정에서 양자 역학의 핵심 원리인 중첩, 얽힘, 그리고 관측의 효과가 결정적인 역할을 합니다.

양자 키 분배의 핵심은, 메시지를 암호화하는 데 필요한 비밀키를 주고받는 동안 누군가 중간에서 도청을 시도하면, 그 흔적이 반드시 남는다는 점입니다. 여기에는 빛의 입자인 광자가 사용됩니다. 광자는 특정 편광 상태로 정보를 담을 수 있고, 양자 역학의 특성상 이를 측정하면 상태가 바뀌어 버립니다. 예를 들어, 대표적인 BB84 프로토콜에서는 송신자가 광자의 편광을 무작위로 설정하고, 수신자는 무작위로 측정합니다. 이후 두 사람은 고전적인 통신 채널을 통해 서로 사용한 편광 상태를 비교해, 일치하는 경우에만 키를 남기고 나머지는 폐기합니다. 만약 도청의 흔적이 발견되면 전체 통신을 중단하고 키를 새로 생성하지요. 실제 절차를 더 구체적으로 보겠습니다.

1. 송신자는 정보를 광자의 편광에 담아 양자 채널로 전송합니다.
2. 수신자는 광자를 받아 측정합니다. 이때 송·수신자는 사전에 편광 방향을 합의하지 않고, 여러 방향을 번갈아 사용합니다.
3. 측정이 끝나면, 두 사람은 고전 채널을 통해 사용한 편광 방향만 비교합니다.
4. 도청자가 개입하면 광자의 상태가 변해 오류가 발생하고, 이를 통해 도청 사실을 감지합니다.
5. 감지 시, 키 분배를 중단하고 새로 시작합니다.

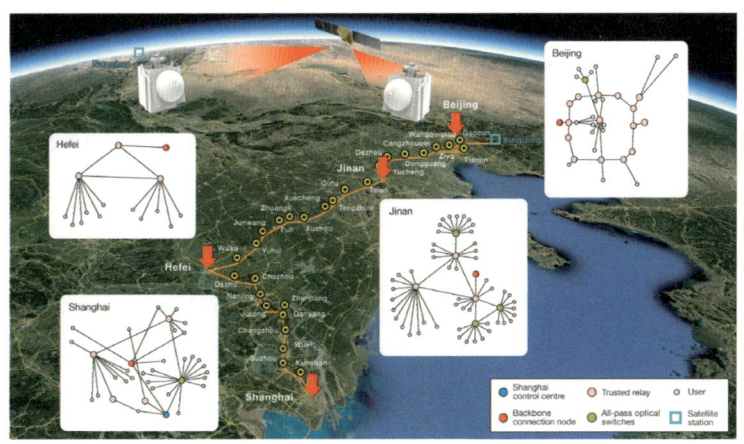

중국 연구팀이 구축한 4,600킬로미터의 양자 네트워크.
(출처: ScitechDaily(University of Science and Technology of China, 2021))

 이렇게 최종적으로 공유된 비밀키는 대칭키 암호화에 사용되어, 두 사람만이 알 수 있는 완벽한 보안을 구현합니다. 이는 양자 상태가 복제 불가능하기 때문에 도청자가 몰래 복사해 정보를 빼가는 것도 원천적으로 차단할 수 있습니다. 이러한 양자 암호 기술은 이미 다양한 분야에서 실험되고 있고 일부는 실제로 사용되고 있습니다. 예를 들어, 중국은 베이징과 상하이를 포함하는 4,600킬로미터 길이의 양자 암호 통신망을 구축했으며, 위성을 이용한 대륙 간 양자 통신 실험에도 성공했습니다.[29] 유럽과 미국, 한국에서도 국가 안보망, 금융거래망, 의료정보 전송 등에 양자 키 분배 네트워크를 시범적으로 도입하고 있지요.
 다만, 현실적인 한계도 있습니다. 광자를 이용한 통신은 거리가 멀어질수록 신호가 약해져 수백 킬로미터 이상에서는 전달이 어려워집니다. 이를 해결할 양자 중계기 Quantum Repeater 는 아직 개발 단계이며, 장비 가격과 정밀 기술의 장벽도 존재합니다. 그럼에도 불구하고 위성-QKD, 실리콘 광자 칩, 양자 보안 라우터 등 다양한 보완 기술이 빠르게 개발되고 있습니다.

현재 국제 표준화 기구에서는 양자 암호를 안전 통신의 표준으로 만드는 논의가 진행 중입니다. 또한, 양자 기반 암호 방식과 뒤에 설명할 양자 내성 암호를 결합한 하이브리드 보안 시스템도 속속 등장하고 있습니다. 이렇게 양자 암호는 더 이상 먼 미래의 가능성이 아니라, 다가오는 지능형 보안 시대의 핵심 기술로 자리 잡고 있습니다.

양자 컴퓨터도 잘 못 푸는 문제가 있다

양자 내성 암호는 양자 암호와는 달리, 고전적인 컴퓨터와 네트워크 환경에서 양자 컴퓨터의 공격에도 안전한 새로운 암호 알고리즘을 개발하는 분야입니다. 이는 양자 컴퓨터로도 쉽게 풀 수 없는 수학적 문제를 바탕으로 암호를 만드는 방식입니다. 단순히 알고리즘을 복잡하게 만드는 것이 아니라, 양자 환경에서도 안정성과 효율성을 유지할 수 있는 전혀 다른 알고리즘 계열을 개발하는 것을 목표로 합니다.

양자 내성 암호는 기존 시스템·네트워크와 호환성이 높아, 양자 암호처럼 복잡한 하드웨어를 요구하지 않습니다. 따라서 소프트웨어나 시스템 업그레이드만으로도 보안 체계를 전환할 수 있다는 현실적인 장점이 있습니다.

현재 대표적인 양자 내성 암호에는 격자Lattice 기반 암호, 해시Hash 기반 서명, 다변수 다항식Multivariate Polynomial 기반 암호 등이 있습니다. 격자 기반 암호는 고차원 공간에서 벡터의 방향과 길이를 찾는 문제가 매우 어렵다는 점을 활용하며, 속도가 빠르고 키 교환, 디지털 서명 등 다양한 용도에 적합합니다. 해시 기반 암호는 임의 길이의 데이터를 고정된 길이의 해시값으로 변환하는 해시 함수를 이용합니다. 해시 함수는 단방향성, 눈사태 효과, 낮은 충돌 확률 등 보안성이 높지만 속도가 다소 느린 편입니다. 다변수 다항식 기반 암호는 여러 변수로 이루어진 다항식 시스템을 푸는 것이 어렵다는 점을 활용하며, 가벼운 암호화가 필요한 IoT 환경 등에 적합합니다.

양자 내성 암호는 이미 금융, 의료, 스마트 제조, 클라우드 데이터 관리 등 다양한 산업에서 시범적으로 도입되고 있습니다. 예를 들어, 국내 통신사와 보안 기업들은 VPN, 이메일 보안, 인증 시스템에 양자 내성 암호 알고리즘을 적용하는 프로젝트를 진행 중이며, 의료기기·공장 자동화 설비에도 적용 범위를 넓히고 있습니다.

국제적으로도 변화가 빠르게 진행되고 있습니다. 미국 국립표준기술연구소는 2016년부터 양자 내성 암호 알고리즘 공모·평가를 진행해 2024년 카이버Kyber와 딜리튬Dilithium 등을 표준으로 채택했습니다. 또한 2022년부터 전 세계 기업·연구소·정부 기관과 함께 양자 내성 암호 전환 프로젝트를 진행하고 있으며, 국내 삼성SDS 보안연구팀도 초기 멤

버로 참여하고 있습니다.

양자 내성 암호의 장점은 양자 컴퓨터 공격에도 안전하고, 기존 인프라와 쉽게 호환된다는 점입니다. 다만 일부 알고리즘에서는 키 크기나 연산량 증가로 인한 성능 저하 가능성이 있고, 새로운 형태의 공격에 대한 안정성 검증이 아직 진행 중이라는 과제도 있습니다.

양자 내성 암호와 양자 암호QKD는 모두 양자 시대의 보안을 준비하지만, 접근 방식이 다릅니다. 양자 암호는 물리 법칙에 기반해 완벽한 보안을 제공하지만 전용 장비가 필요하고, 양자 내성 암호는 소프트웨어 중심 기술로 도입이 쉽고 경제적입니다. 앞으로 이 두 기술은 상호 보완적으로 적용돼, 새로운 컴퓨팅 시대에 우리의 소중한 정보를 지키는 핵심 기술이 될 것입니다.

나의 비트코인은 안전한가?

암호 해독 부분을 다루다 보니 요즘 큰 관심을 받고 있는 비트코인에 대해서도 이야기해 보려 합니다.

비트코인이 양자 컴퓨터 시대에도 안전할 수 있을지에 대한 논의는 최근 암호화폐와 보안 분야에서 매우 중요한 화두가 되고 있습니다. 비트코인은 안전한 거래와 네트워크 신뢰성을 유지하기 위해 여러 암호 기술을 사용합니다. 그중에서도 핵심이 되는 2가지는 타원곡선 디지털 서명 알고리즘ECDSA과 SHA-256 해시 함수입니다.

우선 ECDSAElliptic Curve Digital Signature Algorithm는 타원곡선 수학을

바탕으로 개인키와 공개키를 생성합니다. 사용자가 거래를 할 때 자신의 개인키로 거래 내역에 서명을 하면 누구나 공개키를 이용해 해당 서명이 진짜인지 검증할 수 있습니다. 이 과정은 곧 비트코인의 소유권 증명이며, 거래 위변조를 막는 핵심 장치입니다.

다음으로 SHA-256 해시 함수는 블록체인의 연결, 채굴 과정, 주소 생성, 데이터 무결성 검증 등 비트코인 전반에서 사용됩니다. 해시 함수는 임의의 데이터를 고정된 길이의 값으로 변환하고, 입력값이 아주 조금만 달라져도 완전히 다른 결과를 생성합니다. 덕분에 거래 기록이 변조되면 즉시 알아차릴 수 있습니다.

그런데 양자 컴퓨터가 등장하면 상황이 달라질 수 있습니다. 먼저 ECDSA의 경우, 블록체인에 공개된 공개키가 있으면 쇼어 알고리즘을 통해 개인키를 빠르게 역산할 수 있습니다. 이렇게 되면 거래에 사용된 주소―특히 오래되었거나 여러 번 재사용된 주소―가 해킹의 표적이 될 수 있습니다. 비트코인 주소의 공개키는 한 번 거래에 쓰이면 블록체인에 영구적으로 남기 때문에 충분히 강력한 양자 컴퓨터가 등장하면 해당 지갑의 비트코인이 탈취될 위험이 커집니다.

반면 SHA-256 해시 함수는 그로버 알고리즘 Grover's Algorithm의 영향을 받는데, 이는 계산 속도를 고전 컴퓨터보다 제곱근 수준으로만 높여줍니다. 따라서 쇼어 알고리즘처럼 지수적으로 빠르게 암호를 깨지는 못합니다. 게다가 SHA-256의 출력 길이가 256비트나 되기 때문에 양자 컴퓨터로도 해시를 역산하는 데 필요한 연산량은 여전히 매우 큽니다. 예를 들어, 공격 속도가 슈퍼컴퓨터보다 몇 배 빨라진다 해도, 기존에 수백만 년이 걸리던 계산이 여전히 수십만 년 이상 걸리는 셈입니다. 이 때문에 채굴 과정이나 블록체인 구조 자체가 단기간에 무너질 가능성은 낮다고 여겨집니다. 다만, 이것은 현재 알고리즘 기준의 이야기이고, 미래에 더 효율적인 알고리즘이 등장하거나 양자 컴퓨터의 성능이 획기적으로 향상되면 해시 함수도 강화가 필요할 수 있습니다.

이러한 가능성에 대비해 암호화폐 업계에서는 양자 내성 암호로의 전환 논의가 활발히 이뤄지고 있습니다. 실제로 이더리움 Ethereum이나 퀀텀 레지스턴트 레저 QRL 같은 일부 블록체인 프로젝트는 양자 내성 암호를 실험적으로 도입했습니다. 또 비트코인 사용자 입장에서는 공개키가 노출된 오래된 주소 대신 새로운 주소를 사용하거나 다중 서명 지갑과 하드웨어 월렛을 활용하는 것이 보안을 강화하는 방법이 될 수 있습니다.

비트코인 프로토콜 자체도 필요하다면 하드포크[30]를 통해 양자 내성 암호로 업그레이드할 수 있습니다. 다만, 하드포크는 네트워크의 모든 참여자가 새로운 규칙을 따르도록 소프트웨어를 교체해야 하며, 그 과정에 시간이 소요됩니다. 하지만 구조적으로 이러한 변화가 가능하다는 점에서, 비트코인은 미래 상황에 대응할 유연성을 가지고 있다고 볼 수 있습니다.

결론적으로, 단기적으로는 양자 컴퓨터가 비트코인을 해킹할 가능성은 매우 낮습니다. 그러나 2030년대 이후 대규모 양자 컴퓨터가 등장하면 공개키가 노출된 주소 등 일부 취약점이 현실화될 수 있습니다. 따라서 비트코인의 장기적인 안전성을 위해서는 양자 내성 암호 도입,

사용자 주소 관리, 하드웨어 월렛 사용, 새로운 보안 표준의 신속한 적용이 필수입니다. 양자 컴퓨터의 위협은 단순히 '암호를 깬다'는 수준을 넘어 인터넷과 금융, 나아가 사회 전반의 신뢰 기반을 뒤흔들 수 있습니다. 충분히 강력한 양자 컴퓨터가 등장하면 은행 계좌, 의료 기록, 정부 기밀 등 민감한 데이터가 위험에 노출될 수 있기에, 각국 정부와 IT 기업은 이미 양자 내성 암호 및 양자 암호 기술 도입을 서두르고 있습니다.

물론 아직은 넘어야 할 기술적 장벽이 많아, 당장 모든 암호가 깨지지는 않겠지만, '양자 우월성' 시대가 가까워지고 있는 만큼 보안 체계의 선제적 전환은 선택이 아닌 필수가 될 것입니다.

최적의 해답을 찾아가는 양자의 힘

양자 컴퓨터가 복잡한 최적화 문제를 해결하는 데에도 혁신적인 변화를 가져올 것이라 기대하는 사람이 많습니다. 최적화 문제란, 여러 가지 선택지 중에서 가장 좋은 답, 즉 '최적의 해'를 찾는 문제를 말합니다. 예를 들어, 여러 도시를 방문해야 하는 외판원이 가장 짧은 경로를 찾는 문제, 물류 회사가 수많은 소포를 가장 효율적으로 배달하는 경로를 짜는 문제, 금융기관이 여러 자산에 투자해 위험을 최소화하면서 수익을 극대화하는 포트폴리오를 찾는 문제 등이 모두 최적화 문제에 해당합니다.

이러한 문제들은 금융, 물류, 제조, 에너지 등 다양한 산업에서 매우 중요하게 다뤄지고 있지만, 변수의 수가 많아지면 기존 컴퓨터로는 계산이 거의 불가능해질 정도로 복잡해집니다. 양자 컴퓨터는 이런 계산에서 새로운 돌파구를 제공할 수 있습니다. 여기서는 양자 컴퓨터가 어떻게 최적화 문제를 공략하는지 그리고 다양한 분야에서 어떻게 이를 해결하려고 하는지를 살펴보겠습니다.

최적화 문제는 어떻게 풀어야 할까?

양자 컴퓨터가 최적화 문제에 강점을 보이는 이유는 바로 '양자 중첩'과 '얽힘'이라는 양자 역학적 원리 덕분입니다. 여러 번 설명했지만, 큐비트가 0 상태와 1 상태를 동시에 가질 수 있는 중첩 현상은 양자 컴퓨터가 한 번에 여러 가지 경우를 동시에 계산할 수 있게 해 줍니다. 예를 들어, 미로에서 출구를 찾는 문제를 생각해 보면, 기존 컴퓨터는 한 경로씩 차례로 시도해야 하지만, 양자 컴퓨터는 여러 경로를 동시에 탐색해 훨씬 빠르게 답을 찾을 수 있습니다.

또한 '양자 얽힘'은 여러 큐비트가 서로 강하게 연결되어, 한 큐비트의 상태가 다른 큐비트의 상태와 즉각적으로 연관되는 현상입니다. 양자 컴퓨터는 이 얽힘 현상을 잘 활용하여 최적화 문제를 효율적으로 풀어냅니다.

QAOA: 양자와 고전의 협력

이런 양자 컴퓨터의 특성을 실제 최적화 문제에 적용하는 대표적인 방법이 QAOA Quantum Approximate Optimization Algorithm 입니다. QAOA는 2014년에 개발된 양자 알고리즘으로, 복잡한 최적화 문제를 양자 시스템의 에너지를 나타내는 수학식(해밀토니안, Hamiltonian)으로 변환한 뒤, 큐비

물류 경로 최적화의 시각적 예시.

트로 구성된 양자 회로에 문제를 인코딩합니다.

양자 컴퓨터는 이 회로를 통해 다양한 답을 동시에 탐색하고, 중간에 고전 컴퓨터가 양자 회로의 파라미터를 조정해 점점 더 좋은 답에 가까워지도록 반복합니다. 즉, 양자 컴퓨터와 고전 컴퓨터가 협업을 하는 것이지요. 이 과정을 여러 번 반복하면 최적에 가까운 답을 효과적으로 찾아낼 수 있습니다. QAOA는 물류 경로 최적화, 금융 포트폴리오 관리, 에너지 분배, 인공지능 모델 학습 등 다양한 산업에서 이미 실험적으로 활용되고 있습니다.

그래프 문제로 치환하기

최적화 문제는 수학에서 그래프 문제로 바꿔서 풀 수 있습니다. 그래프 문제란, 복잡한 관계나 연결 구조를 점(정점)과 선(간선)으로 단순화해, 수학적으로 분석하고 최적의 해를 찾는 방식입니다. 예를 들어, 사람을 정점으로, 친구 관계를 선으로 연결하면 하나의 그래프가 됩니다. 여기서 "서로 친구가 아닌 사람끼리 최대한 많이 모으기", "여러 도시를 연결하는 도로망에서 가장 짧은 길 찾기", "전기 회로에서 전류가 흐를 수 있는 경로 찾기" 등이 모두 그래프 문제에 해당합니다. 이러한 문제들은 물류 창고의 최적 배치, 통신 기지국 위치 선정 등 현실의 다양한 최적화 문제와 직결됩니다.

중성 원자 양자 컴퓨터는 이러한 그래프 문제를 풀기에 특히 유리

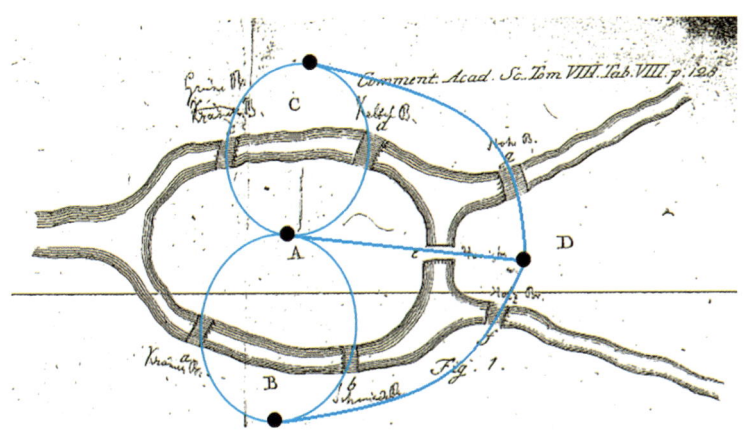

쾨니히스베르크의 지형을 나타낸 그래프.
그림의 7개의 다리를 모두 한 번씩만 건너갈 수 있을까?
(출처: Leonhard Euler)

합니다. 이 시스템은 레이저로 만든 광집게를 이용해 루비듐이나 세슘 같은 중성 원자를 하나씩 포획하고, 체스판 위 말처럼 정밀하게 배열합니다. 이렇게 배열된 원자들이 큐비트가 됩니다.

이 큐비트들은 '리드버그 상태'라는 들뜬 상태를 이용해 양자 얽힘을 만드는데, 이때 나타나는 리드버그 봉쇄 현상이 그래프 문제를 풀 때 핵심이 됩니다. 리드버그 봉쇄는 인접한 두 원자가 동시에 리드버그 상태가 되려 할 때, 한쪽이 먼저 들뜨면 다른 쪽은 들뜰 수 없는 현상입니다. 마치 자석의 같은 극이 서로 밀어내는 것처럼, 원자들 사이에 자연스러운 제약 조건이 생기는 것이지요.

이 물리적 특성을 활용하면, 원자들의 배열과 상호작용을 수학적 그래프 문제로 바꿀 수 있습니다. 예를 들어, 각각의 원자를 그래프의 점에, 원자들 사이의 리드버그 봉쇄 관계를 그래프의 선에 대응시키면, 그래프 문제 중 '서로 연결되지 않은 최대한 많은 꼭짓점 찾기(최대 독립집합, Maximum Independent Set)' 문제를 자연스럽게 구현할 수 있습니다. 계산 과정은 다음과 같습니다.

1. 모든 원자를 바닥 상태로 초기화합니다.
2. 레이저 펄스를 이용해 모든 원자를 리드버그 상태로 유도합니다.
3. 배열에 따라 리드버그 봉쇄가 작동해, 인접한 원자들이 동시에 들뜨지 못하도록 하며 스스로 최적 조합을 찾아갑니다.
4. 마지막으로 각 원자의 상태를 측정해 해답을 얻습니다.

이 과정은 물리적 시스템이 스스로 최적 상태에 가까운 해를 찾아가는 셈입니다. 이 방식의 가장 큰 장점은 병렬 처리 능력입니다. 수십, 수백 개의 원자가 동시에 상호작용하며 수천 가지 경우를 한 번에 탐색할 수 있습니다. 덕분에 기존 컴퓨터가 하나씩 계산해야 하는 방대한 경우의 수를 물리적 현상만으로 빠르게 줄일 수 있습니다.

또한 리드버그 상태의 원자는 비교적 안정적이어서 계산 오류가 적고, 광집게 기술을 이용해 원자 수를 늘리면 대규모 문제도 처리할 수 있습니다. 실제로 KAIST를 포함한 국내외 연구팀은 20큐비트급 리드버그 중성 원자 양자 컴퓨터로 최대 독립 집합 문제 등 복잡한 그래프 최적화 문제를 해결하는 데 성공했습니다.[31] 이러한 병렬 처리에서 파생되는 또 하나의 장점은 실시간성입니다. 기존 컴퓨터는 변수가 많아질수록 계산 시간이 기하급수적으로 늘어나지만, 양자 컴퓨터는 복잡한 문제도 실시간에 가까운 속도로 해결할 수 있습니다.

예를 들어, 물류 현장에서는 배송 지연, 주문 취소, 교통 혼잡 같은 변수가 자주 발생합니다. 양자 컴퓨터는 이런 상황에서도 자원을 재분배하고, 최적의 경로를 실시간으로 찾아내 물류 효율을 높이고 비용을 절감할 수 있습니다. 금융 분야에서도 시장 상황이 급변할 때 빠르게 포트폴리오를 재조정해 위험을 최소화할 수 있습니다.

최적화 문제의 활용 ①
어디에 어떻게 투자할까: 금융 분야

매킨지 연구 McKinsey Study에 따르면, 금융 부문은 양자 컴퓨팅의 활용이 가장 기대되는 분야이자 비교적 빠른 시일 내에 기술의 혜택을 누릴 수 있는 분야로 전망됩니다. 금융에서는 매일 같이 다양한 최적화 문제가 발생합니다. 수많은 자산을 어떻게 배분할지, 어떤 주식을 얼마만큼 사고팔아야 리스크를 줄이면서 수익을 극대화할지 등을 결정해야 하지요. 이를 포트폴리오 최적화라고 부릅니다.

전통적인 컴퓨터로는 자산 수가 많아질수록 계산 시간이 기하급수적으로 늘어나 현실적으로 풀기 어렵지만, 양자 컴퓨터는 중첩과 얽힘이라는 특성을 활용해 여러 가능성을 동시에 탐색할 수 있어 훨씬 빠르고 정확하게 최적의 투자 조합을 찾을 수 있습니다.

이미 글로벌 금융기관들은 양자 컴퓨터와의 협업에 적극적입니다. 골드만삭스, JP모건, HSBC 등은 양자 컴퓨터 기업들과 함께 포트폴리오 최적화 실험을 진행하고 있습니다. 예를 들어, JP모건은 파생상품 가격 계산과 위험 관리 모델링을 양자 컴퓨터로 빠르게 수행하는 방법을 연구 중이며, 퀀티늄과 함께 검증 가능한 난수 생성 프로토콜을 시연하기도 했습니다.[32] 골드만삭스는 AWS Quantum Solutions Lab+Center for Quantum Computing와 함께 실제 금융 데이터를 양자 알고리즘에 효율적으로 변환하는 연구를 발표하며, 실질적인 활용 준비를 차근차근 진행하고 있습니다.[33]

최적화 문제의 활용 ②
내 택배 언제 오지?: 물류 분야

물류 분야에서도 양자 컴퓨터의 잠재력은 큽니다. 배송지 수, 운송 수단, 교통 상황, 주문량 등 수많은 변수가 얽혀 있어, 전 세계 수천 대의 트럭과 비행기, 수백만 개의 소포를 동시에 관리하며 최적 경로를 찾는 일은 슈퍼컴퓨터에게도 쉽지 않습니다.

양자 컴퓨터는 이러한 복잡한 문제를 효율적으로 풀 수 있는 강점을 지니고 있습니다. DHL, 아마존, 폭스바겐 등은 이미 양자 컴퓨팅을 활용해 배송 경로 최적화, 자산 할당, 돌발 상황 대응 등의 실험을 진행하고 있습니다.

예를 들어, 폭스바겐은 디웨이브와 함께 대중교통 운영 효율을 높이는 양자 기반 교통 관리 시스템을 테스트했습니다.[34] 이를 통해 택시는 대기 시간을 줄이고 승객은 더 빨리 목적지에 도착하게 되었으며, 버스는 실시간 노선 최적화를 통해 혼잡을 최소화했습니다. DHL은 국제 배송 경로를 최적화해 배송 시간을 20% 단축했고, IBM은 뉴욕의 한 상업용 차량 업체와 협력해 1,200개 지점의 '라스트 마일' 배송을 효율적으로 관리했습니다.[35] 아마존은 전 세계 창고 재고와 물류 배분을 양자 기반 시스템으로 실험 중입니다. 호주와 독일의 양자 컴퓨팅 스타트업들도 항공 및 해상 운송 회사와 함께 복잡한 화물 운송 문제를 양자 컴퓨터로 해결하는 실증을 진행하고 있습니다. 이러한 시도들은 속도와 효율성을 높이고 비용을 절감하며, 더 탄력적인 공급망을 만드는 데 중요한 역할을 할 것입니다.

최적화 문제의 활용 ③
생산 효율을 높이자: 제조 및 에너지 분야

제조업에서는 공정 순서, 부품 배치, 생산 라인 설계 등에서 최적화가 핵심입니다. 예를 들어, 항공기 도장 공정의 순서를 어떻게 정할지, 부품을 어떤 순서로 배치할지가 생산 시간과 비용에 큰 영향을 미칩니다. 기존에는 경험과 직관, 단순 시뮬레이션에 의존했지만, 양자 컴퓨터는 수많은 변수를 동시에 고려해 더 빠르게 최적해를 찾아낼 수 있습니다.

또한, 공장 설비 데이터를 분석해 고장을 사전에 예측하는 데도 활용할 수 있습니다. 현대차, 포드, 다임러-벤츠 등은 이미 공장 최적화, 예측 유지 보수 등 다양한 분야에서 양자 컴퓨터 연구를 진행하고 있습니다. 현대차는 아이온큐와 협력해 자율주행 등 다양한 분야에 양자 컴퓨터를 활용하고 있으며, 자체 알고리즘 개발도 진행 중입니다.[36] 벤츠는 IBM과 함께 자동차 디자인, 생산 공정 최적화, 제조 결함 분석, 제품 추천 등에 양자 컴퓨터를 적용하고 있습니다.[37]

항공·자동차 기업들은 부식 억제, 공기 역학 설계 개선, 배터리 개발 등에도 양자 시뮬레이션을 적극적으로 활용하고 있습니다. 에너지 분야에서는 복잡한 에너지 시스템을 최적화해 효율을 높이고, 재생 에너지와 기존 에너지원의 조합을 최적화하는 데 중요한 역할을 할 수 있습니다.

양자 컴퓨터는 금융, 물류, 제조, 에너지 등 다양한 산업에서 최적화 문제를 혁신적으로 해결할 잠재력을 지니고 있습니다. 이는 단순한 계산 속도 향상을 넘어 산업 구조와 우리의 삶에 커다란 변화를 가져올 기술적 도약이라 할 수 있습니다.

활용 분야	설명	기업 사례
금융: 포트폴리오 최적화	여러 자산의 투자 비율을 조정해 수익을 극대화하고 위험을 최소화하는 문제를 양자 컴퓨터로 빠르게 해결	골드만삭스, JP모건, HSBC
물류: 배송 경로 최적화	수많은 배송지와 교통 상황을 고려해 가장 효율적인 경로와 자원 배분을 찾는 문제	DHL, 아마존, 폭스바겐
제조·에너지: 공정 최적화	생산 라인 순서, 부품 배치, 설비 가동 계획을 효율적으로 구성하고 에너지 효율을 높이는 문제	현대차, 벤츠, 에어버스, BMW

양자 컴퓨터 최적화 문제 활용 분야.

신소재와 신약을 설계하는 양자 컴퓨터

양자 컴퓨터의 활용 분야 중에서 제가 개인적으로 가장 기대하는 영역이 바로 물질·분자 시뮬레이션입니다. 쉽게 말해, 새로운 성질을 가진 신소재를 개발하고자 할 때, 어떤 재료를 어떤 방식으로 만들면 좋을지, 더 세밀하게는 어떤 원자들을 어떻게 배열해야 할지를, 실제로 만들어 보기 전에 시뮬레이션해 보는 것이지요.

전통적으로 신소재 개발, 신약 개발, 배터리 같은 첨단 에너지 저장 장치의 설계에는 막대한 시간과 비용 그리고 수많은 시행착오가 필요했습니다. 그 이유는, 신소재를 구성하는 원자와 분자의 세계가 본질적으로 양자 역학적 특성을 지니고 있기 때문입니다. 어떤 분자의 구조나 화학 반응을 결정하는 것은 그 안에 있는 전자들입니다. 신소재의 성질 또한, 그 안의 원자에 속한 전자들에 의해 정해집니다. 이 전자들이 어떤 에너지를 가지고, 어떤 상태에서 어떻게 움직이고 있는지가 곧 그 분자 혹은 소재의 특성을 좌우하지요.

문제는, 물질 안에 있는 전자들의 움직임을 정확하게 계산하는 것이 고전 컴퓨터로는 사실상 불가능하다는 점입니다. 신소재, 특히 고체 안에는 '아보가드로 수(6×10^{23})'에 달하는 어마어마한 수의 전자가 존재합니다. 이 전자들은 상호작용하며 움직이는데, 그 과정에서 중첩이 일어나기도 하고, 얽힘이 형성되기도 합니다.

이 복잡한 상호작용을 완벽하게 계산하려면 기존 컴퓨터로는 상상할 수 없을 만큼의 시간이 소요됩니다. 왜냐하면 수천, 수만 개의 원자·분자·전자가 얽힌 복잡한 시스템은 계산량이 기하급수적으로 증가하기 때문입니다. 실제로 슈퍼컴퓨터조차도 수십, 수백 개 원자로 이루어진 시스템이 계산할 수 있는 한계라고 합니다. 그래서 현재 고전 컴퓨터로 신소재의 특성을 시뮬레이션하려면 여러 근사치를 사용합니다. 즉, 지금의 컴퓨터로 풀 수 있도록 문제를 최대한 단순화하는 것이지요.

하지만 양자 컴퓨터는 근본적으로 이 문제를 다른 방식으로 접근합니다. 큐비트 자체가 양자 역학적으로 동작하기 때문에, 전자의 중첩과 얽힘을 직접 모방하고 시뮬레이션할 수 있습니다. 이러한 양자 시뮬레이션은 현재 개발된 양자 컴퓨터—수십, 수백 개의 큐비트와 0.1% 수준의 오류율을 가진 장치—로도 충분히 '양자 이득'을 기대할 수 있는 분야이기도 합니다. 이제, 양자 물질·분자 시뮬레이션이 어떻게 작동하는지 그리고 어떤 분야에 혁신을 가져올 수 있을지 함께 살펴보겠습니다.

양자 시뮬레이션의 동작 원리

양자 컴퓨터가 물질·분자 시뮬레이션에서 뛰어난 성능을 발휘하는 비결은 3가지 핵심 원리, 바로 '중첩, 얽힘 그리고 간섭'에 있습니다. 앞에서도 여러 번 이야기했지만 중요한 부분이니 한 번 더 각각의 특성을 이야기해 보겠습니다. 먼저 중첩은 0과 1, 두 상태를 동시에 가질 수 있는 특성으로, 여러 경우를 한 번에 계산할 수 있게 해 줍니다. 이를 활용하면, 예로 분자의 모든 가능한 구조를 동시에 탐색할 수 있지요. 얽힘은 두 큐비트가 강하게 연결되어 한 큐비트의 상태가 바뀌면 다른 큐비트도 즉시 영향을 받는 현상입니다. 덕분에 원자 간의 복잡한 상호작용을 더욱 정밀하게 모델링할 수 있습니다. 마지막으로 간섭은 양자 상태들이 파동처럼 겹치면서, 올바른 답은 강화하고 잘못된 답은 상쇄하는 효과를 만들어 냅니다. 이 3가지 원리가 결합되면 양자 컴퓨터는 방대한 후보 해답 중에서 정확한 답을 빠르게 골라낼 수 있습니다.

회로 기반 범용 양자 컴퓨터로 시뮬레이션을 수행하는 과정은 크게 4단계로 이루어집니다.

첫째, 시뮬레이션하려는 분자나 신소재의 수학적 모델을 만들고, 이를 양자 회로로 변환합니다. 마치 레고 블록을 조립하듯 다양한 양자 게이트를 조합해, 물질 내 전자의 움직임을 컴퓨터 안에 구현하는 것이지요.

둘째, 큐비트에 초기 상태를 입력합니다. 예를 들어, 리튬 배터리의 충전 전 상태나 신약 후보 분자의 결합 전 상태를 큐비트 배열로 표현할 수 있습니다.

셋째, 양자 게이트를 순차적으로 적용해 시간에 따른 변화를 재현합니다. 실제로는 수백~수천 개의 게이트가 연속적으로 실행되며, 이 과정에서 중첩과 얽힘이 적극적으로 활용되어 전자의 움직임과 원자 간 반응이 자연스럽게 모방됩니다.

넷째, 최종 상태를 측정해 데이터를 수집합니다. 예를 들어, 전자가 어떤 경로로 이동했는지에 대한 확률 분포를 얻을 수 있지요. 측정은 본질적으로 확률적이기 때문에, 동일한 시뮬레이션을 여러 번 반복해 측정하고, 그 결과를 통계적으로 분석해 신뢰도를 높입니다. 이렇게 얻은 데이터를 바탕으로 분자나 물질의 에너지 준위, 반응 경로, 결합 강도 등 원하는 정보를 도출할 수 있습니다.

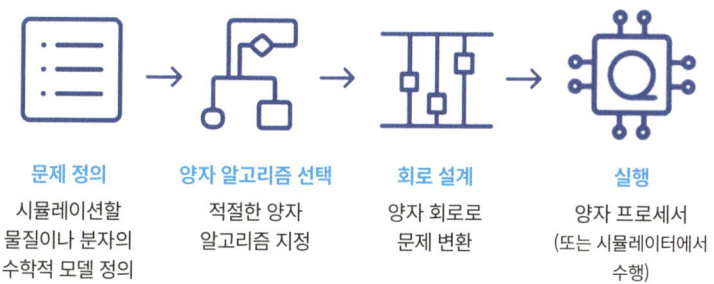

게이트 기반 양자 시뮬레이션 워크플로우.

이와 같은 회로 기반 방식 외에도, 양자 컴퓨터의 큐비트에 분자나 물질의 수학적 모델을 직접 적용하는 방법도 있습니다. 예를 들어, 중성 원자 양자 컴퓨터에서는 큐비트 역할을 하는 원자 하나를 물질 안의 전자 하나에 대응시켜, 그 전자가 받는 힘과 에너지를 그대로 구현할 수 있습니다. 그러면 양자 컴퓨터의 원자는 물질 속 전자와 동일한 방식으로 상태가 변하고, 우리는 그 결과를 측정하기만 하면 됩니다. 이 방법은 회로 기반에서 발생하는 연산 오류의 누적 게이트를 한 번 실행할 때마다 생기는 오류가 수백~수천 번 반복되는 현상을 피할 수 있어 훨씬 정확한 시뮬레이션 결과를 기대할 수 있습니다.

양자 시뮬레이션의 핵심은 VQE_{Variational Quantum Eigensolver}, QCL-_{Quantum Circuit Learning}, QPE_{Quantum Phase Estimation} 같은 다양한 양자 알고리즘입니다. 각각의 특성을 잠깐 살펴보자면 다음과 같습니다.

- **VQE** 분자의 바닥 상태 에너지를 찾는 데 특화, 고전 컴퓨터와 양자 컴퓨터가 협력해 파라미터를 최적화함
- **QCL** 복잡한 분자 구조와 전자 상호작용을 학습하는 데 유용
- **QPE** 에너지 준위와 같은 고유값 계산에 강점

최근에는 하이브리드 방식이 주목받고 있습니다. 고전 컴퓨터로 대규모 데이터 처리와 초기 스크리닝을 수행하고, 양자 컴퓨터로 복잡한 분자 구조와 양자 역학적 상호작용을 정밀 계산하는 방식입니다. 이 방법은 현재처럼 큐비트 수가 제한적인 상황에서도 실용적인 성과를 내고 있으며, 양자 하드웨어가 발전하면 더욱 강력한 시뮬레이션이 가능해질 것으로 기대됩니다.

양자 시뮬레이션의 적용 ①
더 강하고 더 오래: 배터리 개발

전기차와 신재생 에너지 저장 장치의 핵심인 배터리 기술은 성능, 안전성, 가격 등 모든 면에서 혁신이 절실히 요구되는 분야입니다. 예를 들어, 리튬이온 배터리의 경우, 양극과 음극을 구성하는 소재, 그 사이를 채우는 전해질 그리고 전극과 전해질의 경계면에서 일어나는 전기화학 반응(계면 반응)까지 수많은 요소가 얽혀 있습니다. 이러한 복잡성 때문에 새로운 소재를 개발하거나 배터리의 수명·충전 속도를 개선하는 데 한계가 있었습니다. 지금까지는 실험과 고전적 시뮬레이션을 반복하며 소재를 찾아왔지만, 양자 컴퓨터는 분자와 고체 내 전자의 움직임, 화학 반응 경로, 에너지 준위 등을 훨씬 정밀하게 예측할 수 있습니다.

예를 들어, IQM과 폭스바겐은 양자 컴퓨터를 활용해 배터리 소재의 분자 구조와 반응 메커니즘을 시뮬레이션하는 공동 연구를 진행하고 있습니다.[38] 이 연구에서는 질소 분자의 에너지 상태와 기존 시뮬레이션으로는 정확하게 예측하기 어려웠던 전해질 분자 에틸렌 카보네이트Ethylene carbonate의 환원 분해 반응을 양자 컴퓨터로 분석했습니다. 그 결과, 양자 알고리즘을 적용하면 훨씬 적은 수의 큐비트로도 높은 정확도를 얻을 수 있다는 사실이 밝혀졌습니다.

또한, 현재 퀀티넘으로 합병된 케임브리지 양자 컴퓨팅CQC은 독일 항공우주센터DLR와 함께 양자 알고리즘을 이용해 리튬이온 배터리 셀의 1차원 시뮬레이션 연구를 진행했습니다.[39] 이는 향후 3차원 전체 셀

VW×IQM 배터리 시뮬레이션 협업 발표 이미지. (2024년 11월)
폭스바겐과 양자 컴퓨터 기업 IQM이 배터리 시뮬레이션 공동 연구 협력을 공식 발표하며
공개한 로고 이미지 (출처: IQM 홈페이지, 2024년)

의 동작까지 예측하는 멀티스케일 시뮬레이션을 향한 첫걸음이었지요. 현대자동차HMC와 아이온큐도 다양한 금속 촉매가 계면 반응에 미치는 영향을 양자 시뮬레이션으로 분석하는 연구를 진행하고 있습니다.

포드Ford의 연구팀은 퀀티넘과 협력해 양자 알고리즘(VQE 등)을 활용하여 리튬이온 배터리의 양극 소재 $LiCoO_2$의 에너지 바닥 상태를 정밀하게 계산했습니다.[40] 이를 통해 효율적이고 안전한 신소재 개발에 한 걸음 더 다가섰습니다.

이러한 연구들은 배터리의 수명, 충전 속도, 안전성, 에너지 밀도 등 핵심 성능을 사전에 예측하고, 소재 설계 단계에서 최적의 조합을 찾는 데 큰 도움을 줍니다. 나아가, 실제 전지의 충·방전 과정에서 발생하는 미세한 화학 반응, 전자 이동, 계면 불안정성 등도 예측할 수 있게 될 것입니다. 결국, 양자 시뮬레이션은 기존 실험과 병행함으로써 실험 횟수와 비용을 획기적으로 줄이고, 친환경·고성능 배터리 개발을 앞당길 수 있는 핵심 기술로 평가받고 있습니다.

양자 시뮬레이션의 적용 ②
생명 연장의 꿈:
제약과 신약 개발

신약 개발은 전통적으로 수십만~수백만 개의 후보 물질을 실험실에서 일일이 합성하고, 생물학적 효과를 검증하는 '블라인드 스크리닝' 방식에 의존해 왔습니다. 이 과정은 막대한 시간과 비용이 소요되고, 실패 확률도 매우 높다는 제약이 있습니다. 최근에는 컴퓨터를 이용한 분자 시뮬레이션과 가상 스크리닝이 도입되었지만, 여전히 여러 단계의 근사를 이용한 계산이기 때문에 단백질-리간드 결합, 전자 구조, 수소 결합, 물 분자의 역할 등 복잡한 상호작용을 정확히 예측하는 데는 한계가 있었습니다.

양자 컴퓨터는 분자의 전자 구조와 양자 역학적 상호작용을 직접 계산할 수 있어, 기존 컴퓨터로는 다루기 어려운 복잡한 분자 시스템도 정밀하게 시뮬레이션할 수 있습니다. 예를 들어, 변형이 쉬운 다형성 화합물이나 대형 고리 구조를 가진 항바이러스제는 고전 컴퓨터가 주로 사용하는 계산 방식, 예를 들어 밀도범함수이론Density Functional Theory, DFT으로는 안정성이나 반응 경로를 정확히 예측하기 어렵지만, 양자 알고리즘을 적용하면 훨씬 적은 자원으로도 높은 정확도를 달성할 수 있습니다. 실제로, 신약 후보 물질의 결합 친화도, 반응 활성화 에너지, 대사 경로 등 핵심 물성을 양자 시뮬레이션으로 예측함으로써, 후보 물질을 사전에 걸러내고 임상시험 성공률을 높일 수 있습니다.

특히 단백질-리간드 결합에서 물 분자의 역할, 단백질 표면의 미세 구조 변화, 전자 이동과 같은 양자 역학적 현상은 신약의 효능과 부작용을 좌우하는 핵심 요소입니다. 큐비트 파마슈티컬즈Qubit Pharmaceuticals,QBP와 중성 원자 양자 컴퓨터 기업 파스칼은 양자-고전 하이브리드 최적화 알고리즘을 활용해 단백질 내부 수분 분포와 결합 부위의 전자구조를 정밀 예측함으로써, 양자 컴퓨터 기반 약물 설계의 실용성을 한 단계 진전시켰습니다.[41]

또한 토론토대학교와 인실리코 메디슨Insilico Medicine은 양자 컴퓨터와 인공지능AI을 결합해 항암제 개발에서 의미 있는 성과를 거두었습니다.[42] 이들이 주목한 표적은 세포 내 신호 전달, 성장·분열·생존에 관여하며 다양한 암에서 돌연변이가 자주 발견되는 KRASKirsten Rat Sarcoma virus oncogene 단백질입니다. 이 단백질은 돌연변이가 발생하면 암을 유발할 수 있는 종양 유전자 단백질입니다.

연구팀은 AI 기반 플랫폼 'Chemistry42'와 양자-고전 하이브리드 모델을 활용해 110만 개 이상의 후보 분자 중 KRAS 단백질에 결합하는 새로운 항암제 후보를 발굴하는 데 성공했습니다. 이 연구는 〈네이처 바이오테크놀로지〉에 게재되었으며, 전임상 단계에서 신약 개발 기간을 크게 단축할 수 있다는 점에서 주목받고 있습니다.

이처럼 양자 시뮬레이션은 신약 개발의 초기 단계에서 후보 물질을

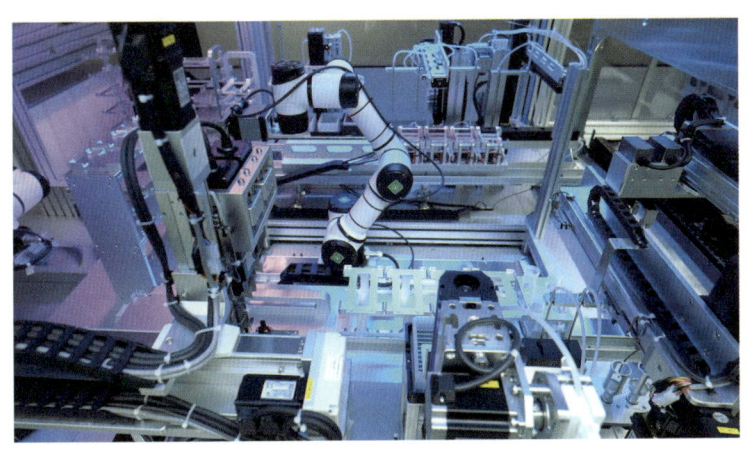

Insilico Medicine 수저우 연구실 내부 모습. (출처: 수저우 연구소, 2025)
양자 컴퓨터와 인공지능이 결합된 'Chemistry42' 플랫폼 기반의
신약 후보 발굴 연구를 진행했다.

빠르게 선별하고 임상 성공률을 높이는 데 결정적인 역할을 할 수 있습니다. 앞으로는 희귀 질환, 난치성 질환 등 기존에 접근이 어려웠던 분야에서도 양자 컴퓨터가 혁신을 이끌 것으로 기대됩니다.

양자 시뮬레이션의 적용 ③
신소재 개발, 에너지, 환경 분야의 확장

양자 컴퓨터의 분자 시뮬레이션 능력은 신소재 개발, 에너지, 환경 분야에서도 커다란 변화를 예고하고 있습니다. 예를 들어, 상온에서 저항 없이 전기가 흐르는 상온 초전도체, 태양의 열과 빛 에너지를 효율적으로 전기 에너지로 전환하는 태양전지, 다양한 화학 반응을 유도하는 촉매, 새로운 특성을 지닌 나노 소재 등은 모두 소재 내부 전자의 움직임, 결합, 경계면에서의 현상 같은 양자 역학적 특성이 성능을 좌우합니다. 양자 컴퓨터는 이러한 복잡한 현상을 원자·분자 수준에서 직접 모사할 수 있어, 기존에는 상상하기 어려웠던 신소재의 설계와 최적화를 가능하게 합니다.

실제로 다양한 양자 알고리즘을 활용해 고온 초전도체의 전자 구조, 유기 태양전지의 에너지 전달 메커니즘, 촉매 반응 경로 등을 정밀하게 예측하는 연구가 활발히 진행되고 있습니다. 예를 들어, 오크리지 국립연구소Oak Ridge National Laboratory, ORNL 연구팀은 퀀티넘의 20큐비트 양자 컴퓨터를 이용해 유기 태양전지 효율을 높일 수 있는 싱글릿 분열 singlet fission 현상을 시뮬레이션했습니다.[43] 그 결과, 양자 시뮬레이션으로 계산한 싱글릿 분열의 에너지가 실제 실험에서 확인된 값과 일치하며, 기존 고전적 계산 방식보다 우수한 성능을 보인다는 사실을 입증했습니다.

이 외에도 금속 산화물의 결함 구조나 나노 입자의 계면 반응처럼, 기존 슈퍼컴퓨터로는 정확히 계산하기 어려운 문제들도 양자 컴퓨터의 병렬성과 양자 역학적 계산 능력을 활용하면 실험과 유사한 수준의 예측이 가능합니다. 이는 실험 횟수와 비용을 줄이고, 친환경·고효율 신소재 개발을 앞당길 핵심 기술로 기대됩니다.

양자 컴퓨터의 시뮬레이션 능력은 앞으로 더욱 강력해질 것입니다. 큐비트 수와 연산 정확도가 향상되면, 수천~수만 개 원자, 복잡한 생체 분자, 나노 소재까지 직접 시뮬레이션할 수 있게 됩니다. 이는 신약 개발의 성공률을 높이고, 친환경·고효율 배터리와 신소재 개발을 앞당기며, 실험 비용과 시간을 획기적으로 줄이는 혁신으로 이어질 것입니다. 궁극적으로, 양자 컴퓨터는 자연계의 복잡한 현상을 인간이 원하는 대로 예측하고 설계할 수 있는, 말 그대로 '디지털 실험실'로 자리 잡게 될 것입니다. 그리고 그 실험실의 문은 과학자뿐 아니라 인류 모두가 미래를 새롭게 설계할 수 있는 가능성으로 열려 있겠지요.

양자 컴퓨터와 인공지능의 만남

인공지능AI은 이미 사용하고 계신 분들이 많을 것입니다. "한 번 써보면, 안 쓰던 때로 절대 돌아갈 수 없다"라는 말이 있을 정도로 AI는 빠르게 우리 생활에 자리 잡았습니다. 긴 글도 순식간에 요약해 주고, 어려운 용어를 물어보면 사례까지 곁들여 친절하게 설명해 줍니다. 영상 속 노이즈에서 이미지를 추출해 내기도 하고, 바둑이나 체스처럼 전략이 필요한 게임에서 사람이 상상하지 못한 수를 두며 승리를 거두기도 하지요.

AI의 동작 원리는 컴퓨터가 사람처럼 데이터를 보고 그 안에서 규칙과 패턴을 스스로 찾아 학습한 뒤, 이를 바탕으로 예측이나 판단을 내리는 방식입니다. 먼저, 우리가 풀고 싶은 문제, 예를 들어, 사진 속 고양이 찾기, 이메일 스팸 분류 같은 문제를 정의합니다. 다음으로 관련 데이터를 대량으로 입력하면 AI는 이를 분석해 어떤 특징이 중요한지를 스스로 학습합니다. 이 과정에서 신경망이나 머신러닝 알고리즘이 사용되어 AI가 인간 두뇌의 뉴런처럼 정보를 연결하며 점점 더 뛰어난 성능을 발휘하게 됩니다.

학습을 마친 AI는 새로운 데이터가 들어오면 이전에 배운 내용을 바탕으로 결과를 예측하거나 분류합니다. 예를 들어, 고양이 사진을 다수 학습한 AI는 처음 보는 사진에서도 고양이가 있는지 없는지를 스스로 판단할 수 있습니다. 이렇게 AI는 데이터에서 규칙을 발견하고 반복 학습을 통해 점점 더 똑똑해지는 시스템입니다. 현재 AI는 자율주행차, 음성 인식, 신약 개발, 금융 투자 등 다양한 분야에서 방대한 데이터를 분석하고 복잡한 문제를 해결하는 데 중요한 역할을 하고 있습니다.

그렇다면 이렇게 똑똑한 AI가 양자 컴퓨터와 만나면 어떤 일이 벌어질까요? 양자 컴퓨터와 인공지능의 융합은 미래 혁신의 핵심으로 주목받고 있습니다. 현재 AI는 만능 해결사처럼 보이지만, 데이터의 양과 문제의 복잡성이 커질수록 한계에 부딪힙니다. 이때 양자 컴퓨터가 등장합니다.

양자 컴퓨터는 기존 컴퓨터로 풀기 어려운 문제를 전혀 새로운 방식으로 해결할 수 있는 기술입니다. AI와 결합하면, 지금까지 상상하지 못했던 새로운 가능성과 혁신이 실현될 것으로 기대됩니다. 이 융합 분야는 양자 머신러닝 Quantum Machine Learning, QML이라는 새로운 연구 영역으로 발전하고 있습니다. QML은 양자 회로를 신경망처럼 활용해, 기존 AI 모델보다 훨씬 빠르고 효율적으로 학습할 수 있게 해 줍니다.

대표적인 예로 양자 주성분 분석 QPCA, 양자 서포트 벡터 머신 QSVM,

양자 AI.
AI가 양자 컴퓨터를 만나면 어떻게 발전해 나갈까?

양자 신경망 QNN 등이 있으며, 각각의 알고리즘은 AI와 양자 컴퓨터의 강점을 결합해 성능과 효율성을 극대화하고 있습니다.

양자 머신러닝 ①
양자 주성분 분석

양자 주성분 분석 Quantum Principal Component Analysis, QPCA은 기존의 주성분 분석 PCA을 양자 컴퓨터의 특성을 활용해 더 빠르고 효율적으로 수행하는 방법입니다. 주성분 분석은 복잡하고 차원이 높은 데이터를 더 단순한 구조로 변환하는 대표적인 차원 축소 기법이지요. 수많은 변수로 이루어진 데이터에서 가장 중요한 방향(주성분)만 남겨, 데이터의 핵심적인 특징을 유지하면서도 정보를 압축합니다. 이 방식은 사진, 음성, 유전자 데이터 등 다양한 분야에서 노이즈 제거, 분석·예측 등에 널리 활용됩니다.

양자 주성분 분석은 PCA에 양자 컴퓨터의 강점인 '중첩'과 '병렬성'을 적용해 훨씬 빠르게 주성분을 찾아내는 알고리즘입니다. 고전 컴퓨터는 방대한 데이터에서 중요한 성분을 뽑아내는 데 많은 시간이 걸리지만, 양자 컴퓨터는 중첩 상태를 이용해 여러 경우를 동시에 계산할 수 있으므로 대규모 데이터 처리에 탁월합니다.

QPCA에서는 먼저 데이터를 양자 상태로 변환한 뒤, 여러 데이터를 동시에 중첩 상태로 준비합니다. 여기에 하다마르 게이트 등과 같은 양자 게이트를 적용하면 모든 데이터 조합에 대한 연산이 한 번에 병렬로 진행됩니다. 이후 양자 측정 결과를 바탕으로 데이터의 중요한 특징만 추출할 수 있습니다. 즉, 양자 중첩을 통해 모든 주성분 후보를 동시에 탐색하는 것이 가능합니다.

예를 들어, 수천 개 센서에서 수집된 복잡한 신호 데이터를 분석할 때 QPCA를 사용하면 데이터의 핵심 패턴만 남기고 불필요한 정보는 줄일 수 있습니다. 이러한 특성은 빅데이터 분석, 이미지 인식, 사이버 보안, 신약 개발, 금융 데이터 분석 등 다양한 분야에서 데이터 처리 속도를 높이고, 분석 정확도를 향상시키는 데 크게 기여할 것으로 기대됩니다.

양자 머신러닝 ②
양자 서포트 벡터 머신

양자 서포트 벡터 머신Quantum Support Vector Machine, QSVM은 기존의 서포트 벡터 머신SVM 알고리즘을 양자 컴퓨터의 특성을 활용해 확장한 차세대 머신러닝 분류 모델입니다.

서포트 벡터 머신Support Vector Machine, SVM은 데이터를 두 그룹으로 가장 잘 구분하는 '경계선(초평면)'을 찾아내는 대표적인 머신러닝 알고리즘입니다. 예를 들어, 이메일이 스팸인지 아닌지, 사진 속에 고양이가 있는지 없는지를 구분하는 데 자주 사용됩니다. 이 알고리즘의 핵심은 두 그룹을 나누는 경계선과 각 그룹 데이터 사이의 거리를 최대화하는 것입니다. 이렇게 하면 새로운 데이터가 들어왔을 때도 높은 정확도로 분류할 수 있습니다. 즉, 서포트 벡터 머신은 주어진 데이터를 가장 잘 나눌 수 있는 기준을 수학적으로 찾아내어, 이후 들어오는 데이터도 똑똑하게 분류해 주는 강력한 도구입니다. 이미지 인식, 텍스트 분류, 의료 진단 등 다양한 분야에서 폭넓게 활용되고 있습니다.

하지만 데이터의 차원이 높거나 패턴이 복잡해질수록 서포트 벡터 머신의 계산량은 급격히 늘어나고, 비선형 패턴을 처리하는 데에도 한계가 있습니다. 양자 서포트 벡터 머신은 이러한 한계를 극복하기 위해 양자 컴퓨터의 중첩과 병렬성 같은 특성을 적극적으로 활용합니다. 먼저, 분류할 데이터를 고차원 양자 상태로 변환(인코딩)한 뒤, 데이터 쌍 사이의 유사도(커널 함수)를 양자 회로로 직접 계산합니다. 이를 통해 기존 컴퓨터로는 표현하기 어려운 복잡한 데이터 구조도 효과적으로 분류할 수 있습니다. 특히, 양자 컴퓨터는 여러 데이터 쌍의 유사도를 한 번에 병렬로 계산할 수 있어, 복잡한 패턴도 빠르고 효율적으로 찾아낼 수 있습니다.

2014년 패트릭 레벤트로스트Patrick Rebentrost 등의 연구에 따르면, 양자 서포트 벡터 머신은 고전적 방식에 비해 학습 속도를 지수적으로 향상시킬 수 있습니다.[44] 고전적 서포트 벡터 머신의 학습 시간은 데이터 수와 차원에 따라 다항식polynomial으로 증가하지만, 양자 버전은 로그 스케일로 증가해 훨씬 빠르게 학습이 가능합니다. 예를 들어, 데이터가 1,000,000개일 경우, 양자 서포트 벡터 머신은 이론적으로 고전 방식보다 수백~수천 배 더 빠르게 학습을 끝낼 수 있습니다.

양자 머신러닝 ③
양자 신경망

양자 신경망Quantum Neural Network, QNN은 기존 인공 신경망의 구조와 원리를 양자 컴퓨터의 특성과 결합한 차세대 인공지능 모델입니다. 우리가 흔히 사용하는 인공 신경망은 0과 1, 즉 고전적인 비트로 정보를 처리하지만, 양자 신경망은 큐비트라는 양자 정보를 단위로 사용합니다. 큐비트는 0과 1이 동시에 존재할 수 있는 중첩 상태와 여러 큐비트가 서로 얽혀 정보를 공유하는 얽힘 현상을 활용합니다. 이 덕분에 양자 신경망은 한 번에 여러 경우의 수를 병렬로 계산할 수 있어 복잡한 문제도 빠르고 효율적으로 처리할 수 있습니다.

양자 신경망의 기본 구조는 입력 인코딩, 양자 게이트 연산, 파라미터 최적화 그리고 출력 측정으로 이루어집니다. 먼저 고전 데이터를 큐비트의 양자 상태로 변환하는데, 이를 위해 진폭 인코딩이나 위상 인코딩 같은 다양한 방식이 사용됩니다. 그다음, 신경망의 계층에 해당하는 양자 게이트(예를 들어, 하다마르, 파울리, CNOT 등)를 큐비트에 적용합니다. 이 과정에서 중첩과 얽힘을 활용해 데이터의 다양한 패턴을 동시에 탐색할 수 있습니다. 각 양자 게이트에는 조정 가능한 가중치가 있어, 학습 과정에서 이 가중치를 조정해 가며 입력과 출력의 관계를 최적화합니다. 연산이 끝나면 큐비트의 상태를 측정해 고전적인 결과, 즉 분류나 예측값을 얻습니다.

양자 신경망의 가장 큰 장점은 큐비트의 중첩과 얽힘 덕분에 기존 신경망보다 훨씬 많은 경우의 수를 동시에 계산할 수 있다는 점입니다. 이로 인해 복잡하고 차원이 높은 데이터도 효율적으로 분석할 수 있고, 일부 문제에서는 기존 신경망보다 훨씬 빠른 학습과 예측이 가능합니다. 또한 양자 회로의 특성상, 적은 데이터로도 효과적인 학습이 가능할 것이라 기대되고 있습니다.

현재 QNN은 연구와 실험 단계에 있지만, 하이브리드(양자+고전) 방식으로 실제 적용이 점차 늘고 있습니다. 앞으로 양자 하드웨어가 발전하면, QNN은 인공지능의 새로운 패러다임을 열 핵심 기술로 자리 잡을 것으로 기대됩니다.

실제 산업 현장에서는 이미 다양한 분야에서 양자 컴퓨터와 AI의 융합이 시도되고 있습니다. 이러한 결합은 연산 속도와 효율성을 높이고, 정확도를 향상시키며, 비용을 절감하는 것은 물론, 기존 컴퓨터로는 풀 수 없었던 새로운 문제를 해결할 수 있다는 점에서 주목받고 있습니다. 현재 신약·생명과학, 금융, 제조·물류, 에너지·기후, 보안, 신소재·과학 등 여러 산업에서 양자와 AI 융합이 실질적인 변화를 만들어 내고 있습니다.

물론, 아직 기술적 한계와 과제도 남아 있습니다. 큐비트 수, 오류율, 결맞음 시간 등 하드웨어 성능의 한계, 양자에 특화된 AI 알고리즘 개발, 고전 데이터와 양자 데이터의 효율적 변환 그리고 개인정보 보호와 알고리즘 투명성 같은 새로운 사회적 규범 마련이 필요합니다. 그럼에도 불구하고, 2025년 현재 실험적 파일럿 프로젝트와 일부 상용 서비스가 이미 등장했고, 산업별 적용 범위도 빠르게 확대되고 있습니다. 2030년대에 들어 큐비트 수와 하드웨어 성능이 비약적으로 향상되면 AI와 양자 컴퓨팅의 융합은 산업 전반에 걸쳐 거대한 혁신을 촉발할 것으로 기대됩니다.

에필로그
우리가 준비해야 할 미래

지금까지 우리는 양자 역학의 신비로운 원리부터 현실적인 응용 그리고 현재 진행되는 기술 개발과 미래의 무한한 가능성까지 폭넓게 살펴보았습니다. 우리 앞에 놓인 양자 시대가 인류 문명에 어떤 변화를 가져올지 상상해 보며, 우리가 준비해야 할 미래를 그려 볼까요?

뱅크 오브 아메리카BoA의 분석가들은 양자 컴퓨팅을 인류 역사상 '불의 발견'에 버금가는 혁신이라고 평가했습니다.[45] 이는 단순한 기술적 진보를 넘어선 인간 지식과 발전을 초고속으로 끌어올릴 잠재력을 가진 혁명적 전환점이라는 의미입니다.

상용화 시기를 두고 전문가들 사이에 의견이 갈리고 있지만, 대부분은 2028~2030년을 실질적인 상용화 원년으로 보고 있습니다. 특히 IBM은 2029년까지 오류 내성 양자 컴퓨터 완성을 목표로 하고 있으며, 구글도 2029년까지 100만 물리 큐비트로 1,000개 논리 큐비트 구현을 계획하고 있습니다. 이렇게 본격적인 양자 컴퓨터 시대가 열리면 앞서 살펴봤듯이 의료, 금융, 물류 등 다양한 분야에서 혁신이 가속화될 것입니다.

최근 집중 호우가 많아지면서 날씨를 예측하는 것이 점점 더 어려워지고 있는데, 양자 컴퓨터의 성능이 높아지면 방대한 기후 데이터를 분석하여 더 정확한 기후 모델을 만들고, 그에 따라 효과적인 대응 전략을 수립할 수도 있을 것입니다. 이와 같은 변화에 맞추어 일자리의 구도도 바뀌고 요구되는 인재상과 교육 방식에도 변화가 오겠지요. 양자 소프트웨어 개발, 양자 알고리즘 설계, 양자 시스템 운영 등 새로운 직종이 대량 창출되고, 양자 리터러시 Quantum Literacy가 미래 인재의 핵심 역량이 될 것입니다.

하지만 디지털 기술이 그러했듯, 양자 기술도 특히 개발 초기에는 사회적 불평등을 심화시킬 우려 또한 가지고 있습니다. 양자 컴퓨터 개발에 필요한 막대한 자원은 부유한 국가나 대기업에 집중될 가능성이 높고, 양자 컴퓨터를 보유한 국가나 기업이 다른 국가, 기업에 비해 압도적 우위를 점하게 될 가능성이 큽니다. 이와 같은 이유로 양자 기술은 21세기 국가 경쟁력의 핵심 지표가 되고 있습니다. 뱅크 오브 아메리카도 "양자 경쟁에서 승리하는 쪽이 전례 없는 지정학적, 기술적, 경제적 이점을 얻게 될 것"이라고 강조했습니다. 이를 증명하듯 미국, 중국, 유럽 등 주요국들이 현재 양자 기술 패권 확보를 위해 수조 원 규모의 투자를 쏟아붓고 있지요. 한국도 2035년 글로벌 양자 경제 중심 국가로의 도약을 목표로 하고 있습니다. 하지만 현재 한국의 양자 기술 수준은 주요 국가들 중 그다지 높게 평가되고 있지 않기 때문에 대대적인 투자와 인력 양성이 시급합니다.

마지막으로 한 가지 질문을 하고 싶습니다. 미래의 양자 컴퓨터는 과연 우리가 지금 보고 있는 양자 컴퓨터의 모습을 하고 있을까요? 한 가지 비슷한 예를 생각해 보겠습니다. 1946년 2월, 펜실베이니아대학교의 한 지하실에서 인류 첫 범용 전자식 컴퓨터, 에니악ENIAC이 세상에 공개되었습니다. 에니악은 당시 상상조차 힘들 만큼 거대한 기계였지요. 무게만 27톤에 이르고, 건물 한구석을 가득 채울 정도의 크기 그리고 17,468개의 진공관과 무수한 저항·콘덴서들이 촘촘히 이어진 전자회로로 이뤄졌습니다.

이런 거대한 에니악의 혁신은 바로 연산 속도였습니다. 기계식 계산기가 초당 수십 번 연산하던 시대에 에니악은 초당 5,000번의 덧셈과 357번의 곱셈을 동시에 처리할 수 있었습니다. 또한, 미리 정해진 연산만 할 수 있었던 기계식 계산기와 달리 에니악은 프로그래밍이 가능한 전자식 범용 디지털 컴퓨터였습니다. 비록 새로운 프로그램을 위해서는 며칠간의 재배선 작업이 필요했지만, 조건부 분기와 논리적 연산이 가능했던 것이지요.

다만, 에니악은 많은 한계를 안고 있었습니다. 새로운 연산을 하려면 며칠 밤낮을 꼬박 코드를 재배선해야 했고, 입력과 출력을 처리하는 부분은 여전히 기계식이었으며, 엄청난 연산 속도를 자랑하지만 입출력 속도가 병목이 되어 제대로 활용되지 못한 적도 많았지요. 유지·보수도 만만치 않았습니다. 진공관의 고장은 일상이었고, 진공관 하나만 손상되어도 전체가 멈추는 일이 잦았습니다. 유지와 운용은 숙련된 운영자들이 전담해야 했습니다. 에니악의 실제 활용도는 제한적이었고, 주로 연구 및 군사적 목적으로 쓰였습니다. 누군가는 분명히 '저렇게 비효율적으로 보이는 기계를 왜 만드나'라는 의문을 가졌을 겁니다.

왠지 익숙한 모습 아닌가요? 현재의 양자 컴퓨터가 그렇습니다. 제한된 큐비트 수, 극도의 불안정성, 짧은 결맞음 시간, 복잡한 프로그래밍과 운영, 극한의 환경 등은 모두 과거 에니악이 겪었던 시행착오와 닮아 있습니다. 심지어 입출력의 병목, 오류와의 싸움, 실용화의 난제도 그대로 반복되고 있지요.

하지만 초기 컴퓨터의 모습은 이후 반도체, 트랜지스터라는 다른 분야의 혁신과 저장 프로그램이라는 새로운 개념이 더해지면서 상상 이상의 기술 발전으로 이어졌습니다. 그렇게 불안정했던 진공관의 '최초의 불빛'이 오늘날 손바닥 위의 스마트폰과 노트북, 전 세계를 연결하는 정보화 사회의 시작점이 된 것입니다. 에니악을 조립하던 이들은 오늘날 손바닥 위에 자리한 기기의 모습을 꿈꾸기는커녕 상상조차 하지 못했을 것입니다.

지금의 양자 컴퓨터를 보는 우리도 어쩌면 1940년대 그 최초의 거대한 컴퓨터를 지켜보던 에니악 개발자들과 똑같은 시선을 갖고 있는 건 아닐까요?

지금 우리가 상상하는 양자 컴퓨터의 활용과 발전 전망은 마치 1940년대 에니악 개발자들이 '전자 진공관과 배선으로 이루어진 이 기계가 어떻게 우리 삶을 바꿀지' 상상했던 것과도 같습니다. 양자 컴퓨터가 현재 가지고 있는 제약 조건하에서 우리가 그리는 미래상은 어디까지나 초기 단계의 판본에 불과합니다. 하지만 반도체가 전기를 품고 트랜지스터가 논리를 품었듯, 앞으로 양자 컴퓨터가 인공지능, 나노기술, 생명공학 등 전혀 다른 분야와 융합하며 우리가 상상조차 못한 변화를 일으킬지도 모릅니다.

이제 우리는 다시 새로운 기술의 새벽을 마주하고 있습니다. 혁명은 언제나 '가능성과 한계의 경계선'에서 시작되었습니다. 이 책을 읽는 여러분 중 누군가는 언젠가 혁신적 아이디어로 양자 컴퓨팅의 한계를 뛰어넘어 인류의 미래를 송두리째 뒤바꿀 발명을 완성할 것입니다. 바로 그날을 기대하며 이 글을 마무리합니다.

주

1. Fein, Y.Y., Geyer, P., Zwick, P. et al., Quantum superposition of molecules beyond 25 kDa., Nat. Phys. 15, 1242–1245 (2019).
2. Bouwmeester, D., Pan, JW., Mattle, K. et al. Experimental quantum teleportation. Nature 390, 575–579 (1997).
3. Ren, JG., Xu, P., Yong, HL. et al. Ground-to-satellite quantum teleportation. Nature 549, 70–73 (2017).
4. Tobias Bothwell, Dhruv Kedar, Eric Oelker, John M Robinson, Sarah L Bromley, Weston L Tew, Jun Ye and Colin J Kennedy, JILA SrI optical lattice clock with uncertainty of 2×10^{-18}. Metrologia 56, 065004 (2019).
5. S. M. Brewer, J.-S. Chen, A. M. Hankin, E. R. Clements, C. W. Chou1, D. J. Wineland, D. B. Hume1, and D. R. Leibrandt, 27Al+ Quantum-Logic Clock with a Systematic Uncertainty below 10^{-18}, Phys. Rev. Lett. 123, 033201 (2019).
6. https://blog.google/technology/research/google-willow-quantum-chip/ D. Gao et al., Phys. Rev. Lett. 134, 090601 (2025).
7. Y. Kim et al., Nature 618, 500–505 (2023).
8. C. Gidney, arXiv: 2505.15917
9. M. C. Smith et al., Phys. Rev. Lett. 134, 230601 (2025).
10. D. A. Rower et al., PRX Quantum 5, 040342 (2024).
11. https://www.quantinuum.com/blog/quantum-volume-milestone
12. D. Bluvstein et al., Nature 626, 58–65 (2024).

	Google Quantum AI and Collaborators, Nature 638, 920–926 (2025).
13	T. J. Yoder et al., arXiv: 2506.03094.
14	F. Arute et al., Nature 574, 505–510 (2019).
15	D. Castelvecchi, Nature 624, 238 (2023).
	Google Quantum AI and Collaborators, Nature 638, 920–926 (2025).
16	https://atom-computing.com/quantum-startup-atom-computing-first-to-exceed-1000-qubits/
	H. J. Manetsch et al., arXiv:2403.12021.
17	D. Bluvstein et al., Nature 626, 58-65 (2024).
18	D. Bluvstein et al., Nature 626, 58-65 (2024).
19	https://ionq.com/blog/ionqs-accelerated-roadmap-turning-quantum-ambition-into-reality
20	https://www.quantinuum.com/products-solutions/quantinuum-systems/system-model-h2
21	https://www.psiquantum.com/news-import/psiquantum-to-build-worlds-first-utility-scale-fault-tolerant-quantum-computer-in-australia
22	H. A. Rad et al., Nature 638, 912-919 (2025).
23	https://news.microsoft.com/source/features/innovation/microsofts-majorana-1-chip-carves-new-path-for-quantum-computing/
	Microsoft Azure Quantum et al., Nature 638, 651-655 (2025).
24	M. Iqbal et al., Nature 626, 505-511 (2024). M. Iqbal et al., Nat. Comm. 16, 6301 (2025).
25	Y. Bao et al., Science 382, 1138-1143 (2023). C. M. Holland et al., Science 382, 1143-1147 (2023). L. R. B. Picard et al., Nature 637, 821-826 (2025).
26	N. Bigagli et al., Nature 631, 289-293 (2024).
27	C. Wang etl al., Tsinghua Science and Technology 30, 1270-1282 (2025).
28	C. Gidney, arXiv:2505.15917.
29	Y.-A. Chen et al., Nature 589, 214-219 (2021). S.-K. Liao et al., Nature 549, 43-47 (2017).
30	블록체인 규칙을 크게 바꿔서 기존 체인과 갈라져 새로운 코인이 생기는 것.
31	https://kaist.ac.kr/news/html/news/?mode=V&mng_no=21510&skey=keyword&sval=%EB%A6%AC%EB%93%9C%EB%B2%84%EA%B7%B8&list_s_date=&list_e_date=&GotoPage=1
	M. Kim et al, Nat. Physics 18, 755-759 (2022).

32. https://www.jpmorgan.com/technology/news/jpmorganchase-research-collaboration-shows-quantum-algorithm-speedup
https://www.jpmorgan.com/technology/news/certified-randomness
33. https://www.goldmansachs.com/pressroom/press-releases/2021/goldman-sachs-aws-announcement-30-nov-2021
34. https://www.vw.com/en/newsroom/future-of-mobility/quantum-computing.html
35. https://lot.dhl.com/quantum-leap-logistics/
https://www.ibm.com/thought-leadership/institute-business-value/en-us/report/quantum-logistics
36. https://www.hyundai.news/eu/articles/press-releases/ionq-and-hyundai-partner-to-use-quantum-computing-to-advance-effectiveness-of-next-gen-batteries.html
37. https://www.ayesa.com/en/press/mercedes-benz-uses-quantum-computing-to-take-its-vehicle-production-planning-system-to-the-next-level/
38. https://meetiqm.com/press-releases/volkswagen-and-iqm-quantum-computers-release-study-on-battery-simulation/
M. Kiser et al., arXiv:2408.06160.
39. https://thequantuminsider.com/2021/04/29/german-aerospace-center-dlr-and-cambridge-quantum-partner-to-use-quantum-computers-to-build-better-battery-simulation-models/
40. https://www.eetimes.eu/ford-enlists-quantum-computing-in-ev-battery-materials-hunt/
M. H. Farag and J. Ghosh, arXiv:2208.07977.
41. https://blog.qubit-pharmaceuticals.com/blog/qubit-pasqal-leveraging-analog-quantum-computing-for-drugdiscovery
M. D'Arcangelo et al., Phys. Rev. Research 6, 043020 (2024).
42. https://temertymedicine.utoronto.ca/news/u-t-researchers-develop-new-approach-using-quantum-computers-accelerate-drug-discovery
Ghazi Vakili, M., Gorgulla, C., Snider, J. et al., Na,t Biotechnol. (2025). https://doi.org/10.1038/s41587-024-02526-3
43. D. Claudino et al., J.Phys.Chem. Lett. 14, 5511-5516 (2023).
44. P. Rebentrost et al., Phys. Rev. Lett. 113, 130503 (2014).
45. https://fortune.com/2025/07/19/quantum-computing-discovery-fire-tech-breakthrough-humanity-revolution/

사진 및 그림 출처 링크

56쪽 https://ko.wikipedia.org/wiki/%EC%86%94%EB%B2%A0%EC%9D%B4_%ED%9A%8C%EC%9D%98

68쪽 https://commons.wikimedia.org/wiki/File:Sun_Sunspot_by_Deddy_dayag.jpg

69쪽 https://commons.wikimedia.org/wiki/File:Morgan-Keenan_spectral_classification.svg?uselang=ko

75쪽 https://commons.wikimedia.org/wiki/File:PnJunction-LED-E.svg

88쪽 https://www.softeloptic.com/news/working-principle-and-classification-of-optic-fiber-amplifieredfa/

91쪽 https://commons.wikimedia.org/wiki/File%3APhotodiode-closeup.jpg?utm_source=chatgpt.com

122쪽 https://commons.wikimedia.org/wiki/File:IBM_Quantum_System_One.jpg

124쪽 https://commons.wikimedia.org/wiki/File:Quantum_Logic_Gates.png

131쪽 https://commons.wikimedia.org/wiki/File:Notation-as-it-relates-to-a-one-way-quantum-computation-3-copyright-2001-by-the-APS.png

139쪽 https://www.dwavequantum.com/solutions-and-products/systems/

146쪽 https://physicsworld.com/a/quantum-advantage-demonstrated-using-gaussian-boson-sampling/

175쪽 https://www.ntt-review.jp/archive/ntttechnical.php?contents=ntr200801sp6.html

178쪽	https://research.google/blog/quantum-supremacy-using-a-programmable-superconducting-processor/
180쪽	https://commons.wikimedia.org/wiki/File:Google_Sycamore_Chip_002.png
185쪽	https://www.durham.ac.uk/departments/academic/physics/news/news-festive-images-created-by-trapping-individual-laser-cooled-atoms/
191쪽	https://physicsworld.com/a/ion-based-commercial-quantum-computer-is-a-first/
198쪽	https://news.ucsb.edu/2019/019679/pushing-quantum-photonics
226쪽	https://www.researchgate.net/figure/Figure-no-4-Integrated-quantum-communication-network-Source-University-of-Science-and_fig3_357436466

처음 만나는 양자의 세계

ⓒ 채은미, 2025

초판 1쇄 인쇄 2025년 9월 24일
초판 9쇄 발행 2025년 12월 15일

지은이 채은미
책임편집 배상현
콘텐츠 그룹 배상현, 김다미, 김아영, 박화인, 기소미
디자인 R DESIGN 이보람

펴낸이 전승환
펴낸곳 책읽어주는남자
신고번호 제2024-000099호
이메일 bookpleaser@thebookman.co.kr

ISBN 979-11-93937-99-0 (04000)
   979-11-93937-98-3 (04000) 세트

- 북플레저는 '책읽어주는남자'의 출판브랜드입니다.
- 이 책의 저작권은 저자에게 있습니다.
- 저작권법에 의해 보호를 받는 저작물이므로 저자와 출판사의 허락 없이 무단 전재와 복제를 금합니다.
- 이 책의 일부 또는 전부를 재사용하려면 반드시 저작권자와 출판사 양측의 동의를 받아야 합니다.
- 책값은 뒤표지에 있습니다.